«VOI PK-DML»

IT-Compliance und Informationssicherheit

Auditkriterien
für digitale
Dokumenten-Management-Prozesse
und verbundene IT-Lösungen

Vollständig überarbeitete 5. Auflage

Auditkriterien für digitale Dokumenten-Management-Prozesse und verbundene IT-Lösungen

Ein Gemeinschaftswerk des VOI e.V. unter freundlicher Mitwirkung der TÜV Informationstechnik GmbH, TÜV NORD GROUP.

Herausgeber:
VOI – Verband Organisations- und Informationssysteme e.V.
Heilsbachstraße 25, 53123 Bonn Tel.: +49.228.908.2090 Fax: +49.228.908.2091
E-Mail: voi@voi.de Internet: http://www.voi.de

5. überarbeitete Auflage 2019

Redaktionsleitung: Ralf Kaspras

Mitarbeit 5. Auflage (2019):
Alexander D. Balzer, Dr. Klaus-Peter Elpel, Volker Feist, Wilhelm Flintrop, Axel Janhoff, Ralf Kaspras, Lothar Leger, Peter J. Schmerler, Jan Prochnow, Jörg Rogalla (alle VOI e.V.); Dr. Christoph Sutter (TÜViT, TÜV NORD GROUP)

Mitwirkende in früheren Auflagen:
Oliver Berndt, Thorsten Brand, Dr. Klaus-Peter Elpel, Dr. Gunther Ernst, Joachim Faulhaber, Christian Friedrichs, Sven Gust, Wolfgang Heinrich, Axel Janhoff, Volker von Kannen-Steinert, Ralf Kaspras, Dr. Knuth Lange, Volker Langer, Lothar Leger, Andreas Liebling, Peter Manias, Christian Mosler, Jens Müller, Daniel Pelke, Carsten Pohlmann, Jan Prochnow, Karl-Heinz Reiß, Dr. Stefan Spitz, Dr. Christoph Sutter, Berthold Weghaus, Dieter Weinle, Bernhard Zöller

Lektorat: Ralf Kaspras, Dr. Klaus-Peter Elpel, Axel Janhoff

Covergestaltung und Buchsatz: eBookerei
Herstellung: BoD – Books on Demand, Norderstedt

Bildnachweis verwendeter ICONs: © kanate – fotolia.com
Grafiken: © VOI e.V. Aktualisiert durch Peter J. Schmerler
Coverabbildung: freepik.com

978-3-932898-26-6

Inhaltsverzeichnis

1. Vorwort des VOI

Die VOI PK-DML steht seit dem Jahr 2000 für Compliance bei der „Digitalisierung von vormals papiergestützten Prozessen" sowie der „Gestaltung von digitalen Prozessen" mit dem Fokus auf rechts- und revisionssichere Erfassung, Erzeugung, Verarbeitung, Nutzung, Reproduktion und Aufbewahrung von digitalen Dokumenten aller Art. Von Anfang an wurde dabei nicht nur das Objekt „Dokument" betrachtet, sondern auch die Art und Weise des „rechts- und revisionssicheren Dokumentierens von Prozessen". Das übergeordnete Ziel war und ist, Übereinstimmung mit Gesetzen, Verträgen, Normen und sonstigen Rahmenbedingungen – neudeutsch Compliance – nachweisen zu können.

Bereits mit der 4. Auflage wurde der zunehmenden Herausforderung durch Vernetzung sowie der Anforderung, Wertschöpfungspotentiale aus vorhandenen Informationen und Daten umfänglich nutzen zu können, Rechnung getragen. Dieser zugrundeliegende Trend hat sich verstärkt. Dementsprechend wurde die Verlagerung des Schwerpunkts – weg von der Sicht auf Anwendungslösungen, hin zur Betrachtung von Prozesslösungen – fortgesetzt.

Das Redaktionsteam hat sich daher entschlossen, mit der neuen Auflage übergreifend von „Lösung" und „IT-System" zu sprechen, um den Fokus stärker auf die erforderlichen Rahmenbedingungen und Funktionalitäten für den Umgang mit und die Nutzung von Dokumenten nebst Inhalten sowie der Art des Dokumentierens an sich zu lenken. Im Kapitel „Was ist neu?" finden Sie dazu weitergehende Erläuterungen.

Standen schon für die 4. Auflage Themen wie BigData und zunehmende IT-Risiken im Blickpunkt, haben sich nun Bandbreite und Handlungsdruck noch einmal erhöht. Der Umfang von Datendiebstahl, Übergriffe auf öffentliche IT-Einrichtungen, digitale Wahlmanipulationen über nationale Grenzen hinweg u.v.m. sind sichtbare Zeugnisse dafür. Aber nicht alles ist so offensichtlich und schon gar nicht weniger bedeutsam. Da ist z.B. der aufstrebende Einsatz von Künstlicher Intelligenz (KI): Wer ist hier der Herr „der Daten“ und „der Art und Weise“, wie diese genutzt werden? Oder der Einsatz von Blockchain-Technologie: Löschen von einzelnen Daten nicht möglich! Diese Themen stehen an vorderster Stelle dem Datenschutz gegenüber, der in Europa durch die neue EU-Datenschutz-Grundverordnung 2016/679 (DSGVO) massiv verschärft und mit empfindlichen Sanktionen verbunden wurde.

Für genau solche Herausforderungen bietet dieses Werk eine Methode, die hilft, Entscheidungssicherheit zu bekommen, indem sie Wirkzusammenhänge systematisch aufschlüsselt, deren Ordnungsmäßigkeit transparent macht und sich diesbezüglich belastbar überprüfen lässt.

Ein Hauptelement, das für den Nachweis von Compliance im geschilderten Kontext stark an Bedeutung gewonnen hat, ist die Umsetzung und Führung einer „geeigneten Verfahrensdokumentation“. Was darunter zu verstehen ist, finden Sie im neuen Kapitel „Verfahrensdokumentation“.

Neben ihrem Ziel, ein Leitfaden für IT-Compliance im vorgenannten Rahmen zu bieten, steht des Weiteren ein Konzept für deren belastbare Überprüfung und Zertifizierung. Ein darauf ausgerichteter Prüfungsrahmen ist somit gleichfalls Bestandteil. Die mitwirkenden Prüforganisationen, TÜVIT (TÜV-Gruppe Nord) und VOI-CERT, haben diesen methodisch so gestaltet, dass Auslegungsspielräume klein gehalten werden. Mit der vorliegenden Version wurde der Anwendungsrahmen zudem erneut erweitert, um zusätzlich zu DMS-Lösungen und DMS-Systemen auch Teilbereiche – wie z.B. Verfahrensdokumentationen, Qualifikation der Beschäftigten und Compliance-relevante IT-Eigenschaften – abzudecken. Ebenfalls berücksichtigt ist das ggf. erforderliche Zusammenwirken mit ISO Normen wie der 19600 „Compliance-Managementsysteme-Leitlinien“ oder der ISO 27001/27002 „Managementsysteme für Informationssicherheit“, um redundanten Aufwand zu vermeiden.

Mit der 5. Auflage der VOI PK-DML vollzieht sich somit insbesondere eine strategische Weiterentwicklung, die sich gleichermaßen auf den Verwendungsrahmen als auch auf den Titel ausgewirkt. Dabei ist gewährleistet, dass die Abwärtskompatibilität zur Vorversion weiter eingehalten wird.

Unverändert gilt auch die Ausrichtung auf die Unabhängigkeit von bestimmten Rechtsräumen, wirtschaftliche Angemessenheit und Best-Practice.

Zusammenfassend bieten die VOI PK-DML einen praxisorientierten Rahmen für alle Organisations- und Unternehmensgrößen, die Anforderungen an IT-Compliance umzusetzen.

Ihnen, liebe Leser, wünsche ich im Namen des gesamten Redaktionsteams, dass Sie mit dem vorliegenden Dokument Ihre IT-Compliance erfolgreich, effizient und zukunftstauglich weiterentwickeln können. Hierfür steht Ihnen entweder die bekannte Papierausgabe des Werks zur Verfügung – oder aber von jetzt an auch eine eBook-Version.

Mein Dank geht an alle Mitwirkende, die mit großem Einsatz diese 5. Auflage möglich gemacht haben!

Dipl. Inform. Ralf Kaspras
Leiter des Arbeitskreises PK-DML des VOI e.V.

2. Vorwort des TÜViT

Die digitale Transformation in der Wirtschaft schreitet immer schneller voran. Das führt in vielen Bereichen zu einer rasant steigenden Zahl von verschiedenartigen elektronischen Informationen und Dokumenten. Diese gilt es sicher zu verarbeiten und in revisionssicheren elektronischen Archiven aufzubewahren.

Zwei Beispiele für neuere, rechtliche Normen sind die EU-Datenschutzgrundverordnung 2016/679 (DSGVO) und die eIDAS-Verordnung 910/2014. Die DSGVO fordert den Schutz personenbezogener Daten und enthält Vorschriften für eine sichere Übertragung (freier Verkehr). Die eIDAS-Verordnung definiert Anforderungen für rechtssichere elektronische Transaktionen. Sie schafft damit einen Rechtsrahmen für elektronische Signaturen, Siegel, Zeitstempel, Dokumente, Einschreiben und deren (Auf-)Bewahrung.

Beide Normen enthalten Regeln zur Überprüfung der umgesetzten Sicherheitsmaßnahmen durch neutrale Dritte und unterstreichen die Wichtigkeit einer unabhängigen Zertifizierung. Die DSGVO definiert eine freiwillige Zertifizierung. Diese soll bestätigen, dass alle relevanten Schutzanforderungen bei der Datenverarbeitung eingehalten werden. Bei der eIDAS-Verordnung ist die Konformitätsbewertung sogar Voraussetzung für Rechtswirkungen wie Äquivalenz zur Unterschrift, Unversehrtheit der Daten und korrekte Herkunftsangabe.

Beide Rechtsnormen haben neben den Grundsätzen zur ordnungsmäßigen Führung und Aufbewahrung von Büchern, Aufzeichnungen und Unterlagen in elektronischer Form sowie zum Datenzugriff (GoBD) Auswirkungen auf eine revisionssichere Archivierung. Deshalb wurden sie in der hier vorliegenden überarbeiteten Auflage der Prüfkriterien für Dokumentenmanagement-Lösungen (PK-DML) berücksichtigt. Die seit den Anfängen in den PK-DML enthaltenden Kernkriterien Ordnungsmäßigkeit, Vollständigkeit, Nachvollziehbarkeit, Unveränderbarkeit und Verfügbarkeit bleiben unverändert. Sie bilden damit seit rund 20 Jahren eine bewährte Prüfbasis.

Mit dieser überarbeiteten Auflage der PK-DML ist eine verlässliche und aktuelle Grundlage zur Überprüfung revisionssicherer elektronischer Archivlösungen entstanden, die in die Zukunft weist.

Dr. Christoph Sutter
Leiter der Zertifizierungsstelle TÜV Informationstechnik GmbH
Unternehmensgruppe TÜV NORD

3. Was ist neu?

Eine Maxime bei der Pflege der PK-DML Auditkriterien ist es, „Verfahrenssicherheit auf lange Sicht“ zu gewährleisten – das heißt, so zu aktualisieren, dass die Struktur, Methodik und die Prüfkriterien weitgehend erhalten bleiben bzw. nur ergänzt werden. Damit soll insbesondere sichergestellt werden, dass die Anpassungsaufwände zu bestehenden, auf den PK-DML Auditkriterien basierenden Maßnahmen weitestgehend auf die Neuerungen reduziert bleiben.

Bereits mit der 4. Auflage wurde der zunehmenden Vernetzung und einhergehenden Verteilung von Funktionen zum Umgang mit digitalen Dokumenten und Dokumentierens (Nachweisführung) Rechnung getragen. So führt die Betrachtung von Dokumentenmanagement und Archivierung hin zu komplexeren Gesamtzusammenhängen, abgebildet durch Enterprise-Content-Management oder Enterprise-Information-Management. Die Zeit ist seitdem nicht stehen geblieben und eine Reihe neuer Technologietrends, Optionen und Vorgaben müssen berücksichtigt werden. Dazu gehören Themen wie Datenschutz (z.B. die EU-weit geltende DSGVO, 2016/679), eIDAS, Blockchain und BigData. In Summe entfernen wir uns weiter von der Betrachtung reiner Anwendungslösungen hin zur Herausforderung, generische Prozesse betrachten zu müssen und diese verlässlich bezüglich Compliance bewerten zu können.

Um die PK-DML Auditkriterien in diese Richtung konsequent weiter voranzubringen, musste im ersten Schritt ein Begriffswechsel erfolgen. Bis zur 4. Auflage standen die Begrifflichkeiten Dokumentenmanagementlösung und Dokumentenmanagementsystem noch für die technische Abbildung des Umgangs mit Dokumenten. Aus heutiger Sicht des Redaktionsteams werden diese Begriffe der Situation nicht mehr ausreichend gerecht, weil sie die die erforderliche Sichtweise einschränken. Das heißt im Gegenzug nicht, dass die Begriffe Dokumentenmanagementlösung und Dokumentenmanagementsystem keine Berechtigung mehr haben. Sie bleiben weiterhin das Herzstück von Compliance im Umgang mit Dokumenten und Dokumentation.

Die erweiterte Sichtweise erfordert jedoch eine stärke Einbeziehung des Dokumentierens von Vorgängen an sich und bezieht damit jegliche IT-Technik und IT-nutzende Lösung ein.

Um diesen Anforderungen gerecht zu werden, wurden Inhalte ergänzt oder überarbeitet. Nachfolgend eine Übersicht über die wichtigsten Modifikationen:

Neu:

- Kapitel „Erstellung Verfahrensdokumentation auf Basis der Prüfkriterien“
- Prüfkriterium „Cloud-Management“

Ersetzte Begriffe:

- Datenträger → *Neu*: Speichermedien
- IT-Sicherheit → *Neu*: Informationssicherheit
- Sicherheitskonzept → *Neu*: Informationssicherheitskonzept
- Dokumenten-Management-System → *Neu*: IT-System
- Dokumenten-Management-Lösung → *Neu*: Lösung
- Mitarbeiterqualifikation → *Neu*: Qualifikation der Beschäftigten

Überarbeitet:

- Kapitel „10 Merksätze des VOI für eine ordnungsgemäße Aufbewahrung digitaler Dokumente“

- Titel von Prüfkriterien bzw. Prüfkriterien selbst, soweit dies durch die Begriffsersetzungen oder aus neuem Verständnis erforderlich war.
- Erläuterungstexte und Beispiele zu den Prüfkriterien
- Anlage Zuordnung der Auditkriterien zur ISO 9000 ersetzt durch ISO 27001.

Anmerkung zum Austausch des Zuordnungsbeispiels ISO 9000 gegen ISO 27001:

Dies ist mit der hohen Relevanz der ISO/IEC 27001 im Bereich der Informationssicherheit begründet. Die tabellarische Zuordnung zeigt auf, dass mit den Auditkriterien alle relevanten Controls der ISO/IEC 27001 abgedeckt werden können.

Anmerkung zum Kapitel „Erstellung einer Verfahrensdokumentation auf Basis der Prüfkriterien“:

Hierin sind erstmalig Leitlinien zur Erstellung einer konsistenten Verfahrensdokumentation aufgenommen worden, auf deren Grundlage die Anforderungen an ein entsprechendes Dokument – z.B. im Rahmen der GoBD oder der Dokumentations- und Fortschreibungserfordernisse aus der ISO 27001 – umgesetzt werden können.

4. Einführung

Um den Nachweis zu führen, dass digitale Dokumentenprozesse den gesetzlichen und branchenspezifischen Anforderungen entsprechen, ist eine rechts- und revisionssichere Nachweisführung erforderlich. Das vorliegende Werk dient diesem Erfordernis, indem eine entsprechende Vorgehensweise (Methode) und die Möglichkeit zur Validierung (Auditkriterien) aufgezeigt werden.

Ein besonderer Fokus wird auf den Umgang mit und die Aufbewahrung von physischen und digitalen Dokumenten gelegt. Im Kern steht die Frage, ob digital verwaltete Dokumente genauso beweissicher und zuverlässig sind wie das „gute alte Papier". Dabei bilden die folgenden Kernkriterien für den Umgang mit Dokumenten die Basis für die Überprüfung und Bewertung der Auditkriterien: Ordnungsmäßigkeit, Vollständigkeit, Unveränderbarkeit, Verfügbarkeit und Nachvollziehbarkeit. Die Rechts- und Revisionssicherheit ergibt sich dabei aus dem stimmigen Zusammenwirken von Technik und Organisation im konkreten Lösungsfall.

Grundlage für einen entsprechenden Nachweis ist eine Verfahrensdokumentation, die sich aus den Bewertungsbereichen der weiter unten dargestellten Auditkriterien ableitet. Der Nachweis der Rechts- und Revisionssicherheit kann bei Bedarf durch eine formelle Prüfung und Zertifizierung durch eine autorisierte Zertifizierungsstelle zusätzlich abgesichert und dokumentiert werden.

Unternehmen und Organisationen sollen die Erstellung und Pflege einer Verfahrensdokumentation als Chance verstehen. Neben der Erfüllung rechtlicher Vorgaben ergeben sich auch eine Reihe organisatorischer Vorteile. Die mit diesem Werk aufgezeigte Vorgehensweise ist dabei so angelegt, dass sie für die regulatorischen Anforderungen jeglicher Unternehmens- und Organisationsgrößen anwendbar ist.

4.1. Fachliche Ausgangslage

Damit digitale Dokumente und Daten eine dem Papierdokument gleichgestellte, rechtsverbindliche Rolle einnehmen können, müssen Rahmenbedingungen geschaffen werden, die die Besonderheiten der digitalen Form berücksichtigen.

Diese Bedingungen bestehen immer aus einem sorgfältig abgestimmten Zusammenwirken von technischen und organisatorischen Maßnahmen.

Auf der *technischen* Seite sind Verfahren und IT-Komponenten erforderlich, die spezielle Funktionen bereitstellen, die zum einen den Umgang mit elektronischen Dokumenten in geeigneter Weise ermöglichen und zum anderen die Umsetzung von revisionssicheren und gesicherten Abläufen gewährleisten. Funktionen zur Revisionssicherheit bedeuten dabei insbesondere die Nachvollziehbarkeit von:

- Erfassung, Erzeugung und Verarbeitung,
- Speicherung,
- Veränderung,
- Zugriff,
- Reproduktion.

Funktionen zur Sicherung umfassen dabei insbesondere:

- Die Gewährleistung von Integrität und Authentizität der Dokumente, Daten und Protokolle,
- einen angemessenen Daten- und Zugriffsschutz,
- die Möglichkeit zur Protokollierung sämtlicher Zugriffe und Abläufe,

- die Verhinderung von Manipulationen sowie
- den Schutz vor Verlust und Zerstörung.

Auf der *organisatorischen* Seite finden sich alle Maßnahmen, die den Betrieb der Lösung in der geeigneten Weise sicherstellen und die Einhaltung gesetzlicher und sonstiger Vorgaben gewährleisten. Dazu zählen insbesondere:

- Definierte Prozesse und Regelabläufe,
- ein schlüssiges Internes Kontrollsystem sowie
- eine Verfahrensdokumentation.

4.2. Definitionen / Abgrenzungen

4.2.1. Dokument

Ein Dokument im hier verwendeten Kontext umfasst zunächst grundsätzlich das Bedeutungsverständnis, wie es auch durch den Duden erläutert wird. Demnach ist ein Dokument von der lateinischen Wortherkunft her (lateinisch „documentum“ = beweisende Urkunde) ein Objekt, das zur „Belehrung über etwas bzw. zur Erhellung von etwas dienlich ist“.

Ein „Dokument im historischen Sinne“ ist stets an einen physisch realen Informationsträger gebunden (z.B. Papier, Steintafeln) und erhält hierdurch wesentliche Eigenschaften für seine Beweiskraft in Bezug auf Herkunft, Entstehungszeitpunkt, Identität und Authentizität.

Zu typischen Dokumenten in diesem Sinne gehören: Verträge, Rechnungen, Notizen, Urkunden, Zeugnisse usw.

4.2.2. Digitales Dokument

Ein „Digitales Dokument“ ist eine Datei, die im Rahmen einer Lösung erzeugt, gespeichert, bearbeitet, angezeigt und gelöscht werden kann. Es umfasst alle möglichen Arten von Dateien, die sich aus beliebigen Kombinationen multimedialer, digitaler Komponenten bilden lassen.

Ein *digitales* Dokument wird durch eine Binärcodierung gebildet und ist ein virtuelles Objekt, dem somit sämtliche physischen Beweiseigenschaften fehlen. Die erforderliche Beweiskraft muss erst durch gesonderte Maßnahmen geschaffen werden (z.B. elektronische Signaturen, unveränderliches Speichern).Hinweis: Im gesamten Buch wird der Begriff „Dokument" als Oberbegriff verwendet und schließt somit das „Digitale Dokument" ein. Der Begriff des „Digitalen Dokuments" wird nur dort verwendet, wo es zu Abgrenzungszwecken erforderlich ist.

4.2.3. IT-System

Ein „IT-System" im Rahmen enthält die technischen Komponenten in einem konkreten Lösungsszenario.

IT-Komponenten sind Teil eines IT-Systems.

4.2.4. Lösung

Der Begriff „Lösung" steht im Zentrum der Systematik der Auditkriterien. Er wird er zur Erfüllung des jeweiligen Zieles der Lösung als systematisches Zusammenwirken von IT-Systemen und IT-Komponenten definiert, unterstützt von organisatorischen Maßnahmen, die spezifisch für das jeweilige Unternehmen/die Organisation abzufassen sind!

Im Fokus stehen dabei die Rechts- und Revisionssicherheit des Lebenszyklus‘ von physischen und digitalen Dokumenten. Lösungen haben grundsätzlich einen individuellen Charakter, den es zu beschreiben gilt.

4.2.5. Betreiber der Lösung

Unter dem Betreiber der Lösung wird der rechtlich Verantwortliche verstanden.

So ändert sich beispielsweise beim Outsourcing des Anwendungsbetriebes an Dritte (z.B. externes Rechenzentrum) der rechtliche Betreiber nicht; er ist stets auch für die Outsourcing-Prozesse rechtlich verantwortlich.

4.2.6. Beweistauglichkeit der Lösung

Eine Lösung dient der Beweistauglichkeit, wenn der Nachweis erbracht werden kann, dass alle Dokumente ordnungsmäßig erfasst, gespeichert, bearbeitet, angezeigt und gelöscht werden können. In diesem Zusammenhang muss zum Beispiel dafür gesorgt werden, dass Manipulationen verhindert und Vorgänge in hinreichender Form nachvollzogen werden können.

Bei der Transformation aus der physischen in die digitale Welt verändern sich Beweiswerte und Rahmenbedingungen, was beispielhaft durch die folgende Grafik gezeigt wird:

Abbildung 1 – Veränderung der Beweissituation

Der erkennbare Beweiswertverlust in der digitalen Welt muss durch geeignete Mittel und Methoden kompensiert werden und ebenso müssen neue Beweismittel geschaffen werden. In diesem Zusammenhang ist zu beachten, dass sich die erforderlichen Maßnahmen aus dem Kontext regulatorischer Vorgaben, dem wirtschaftlichen Gegenwert und der daraus resultierenden Verhältnismäßigkeit ergeben.

Die Beweisqualität lässt sich u.a. nach dem folgenden Schema verbessern:

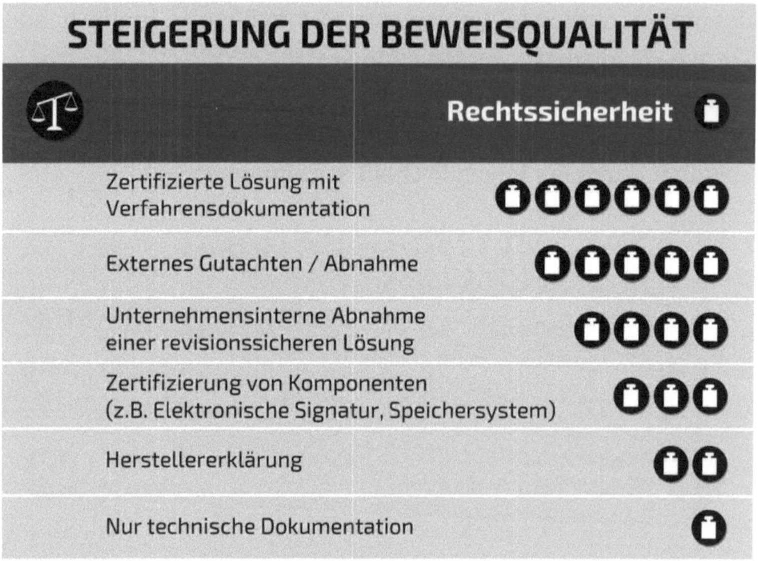

Abbildung 2 – Steigerung von Beweisqualität

4.2.7. Rechts- und Revisionssicherheit

Die Begriffszusammensetzung „Rechts- und Revisionssicherheit“ entstand Anfang der 1990er Jahre und steht für das korrekte Zusammenwirken von anzuwendenden Rahmenbedingungen (Zielstellung, Gesetze, Regelungen usw.) und dem darauf aufsetzenden

Einsatz von Technik und Organisation in einer konkret validierbaren Form.

4.2.8. Die 10 Merksätze des VOI für eine ordnungsgemäße Aufbewahrung digitaler Dokumente

Die erste Version der Merksätze des VOI zur revisionssicheren digitalen Archivierung wurde in den 1990er Jahren veröffentlicht und über die Jahre den Weiterentwicklungen in der IT entsprechend angepasst. In dieser Neuauflage wurde im Titel der Begriff der Archivierung durch den Begriff der Aufbewahrung ersetzt, um dem Umstand des zunehmenden Cloud-Computings und gestiegener IT-Compliance Erfordernissen Rechnung zu tragen. Wenn im Folgenden doch von Archiv oder archivieren gesprochen wird, so geschieht das aus Kompatibilitätsgründen im gesamten Dokument. Die Aufbewahrung Compliance-relevanter digitaler Dokumente und ggf. Versionsstände muss grundsätzlich rechts- und revisionssicher erfolgen.

Die Merksätze definieren die Anforderungen an die Ordnungsmäßigkeit bei der Umsetzung der Aufbewahrung digitaler Dokumente und stehen in engem Zusammenhang mit Gesetzen zum Datenschutz, mit der IT-Compliance und mit für die revisionssichere Aufbewahrung relevanter Normen.

Somit bilden sie den allgemeinen Rahmen der Anforderungen, die für eine konkrete technische Lösung zu interpretieren und zu detaillieren sind.

1. **Jedes Dokument muss nach den gesetzlichen und unternehmensinternen Vorschriften ordnungsgemäß aufbewahrt werden.**
   Diese Anforderung beschreibt das zentrale Ziel der digitalen Aufbewahrung: die verlässliche und rechtskonforme Aufbewahrung von Dokumenten. Dabei ist stets zu berücksichtigen, dass

die konkrete Ausgestaltung einer digitalen Lösung immer auch von den speziellen Anforderungen der jeweiligen Einsatzumgebung und den damit verbundenen organisatorischen Prozessen und IT-bezogenen Realisierungen abhängt. Diese Anforderungen wiederum ergeben sich sowohl aus den gesetzlichen und sonstigen rechtlichen Vorschriften, als auch aus den jeweiligen unternehmensinternen Vorgaben. Dabei ist für international agierende Unternehmen zu berücksichtigen, dass sich die gesetzlichen und weiteren rechtlichen Vorschriften von Land zu Land in Teilen voneinander unterscheiden können.

2. **Die Aufbewahrung hat vollständig zu erfolgen – kein Dokument darf auf dem Weg in das digitale Archiv oder im Archiv selbst verloren gehen.**
   Diese Anforderung hebt darauf ab, dass alle benötigten Dokumente vollständig erfasst und im Archiv abgelegt werden müssen. Nur so können gesetzliche Dokumentationsanforderungen erfüllt und Vorgänge jederzeit lückenlos nachvollzogen werden.

3. **Jedes Dokument ist zum organisatorisch frühestmöglichen Zeitpunkt zu archivieren.**
   Die Verarbeitung und digitale Speicherung von Dokumenten hat zeitnah zu erfolgen. Hierbei sorgt eine digitale Lösung für die Integrität und jederzeitige Verfügbarkeit der Dokumente. Sofern eine – auch langzeitbezogene – Unveränderbarkeit von Dokumenten notwendig ist, wird auch diese Anforderung durch das digitale Archiv frühzeitig abgedeckt.

4. **Jedes Dokument muss mit seinem Original übereinstimmen und unveränderbar archiviert werden.**
   Diese Anforderung spiegelt den Grundsatz wider, dass ein archiviertes Dokument dem Original zu jedem Zeitpunkt – auch langzeitbezogen – in beweissicherer Art entsprechen muss. Je nach Dokumentenart und Einsatzzweck kann es sich dabei um eine inhaltliche Identität oder aber um eine bildliche Übereinstimmung mit einem Papieroriginal oder einem digitalen Originaldokument handeln.

5. **Jedes Dokument darf nur von entsprechend berechtigten Benutzern eingesehen werden können.**
   Diese Anforderung dient dem Schutz vertraulicher betrieblicher Informationen sowie der Einhaltung des Datenschutzes bei der Verarbeitung personenbezogener Daten. In diesem Zusammenhang ist ein entsprechendes Berechtigungskonzept für die Nutzung der Lösung zu entwickeln und umzusetzen.

6. **Jedes Dokument muss in angemessener Zeit recherchiert und angezeigt werden können.**
   Archivierte Dokumente müssen dem Benutzer in angemessener Zeit am Bildschirm zur Verfügung stehen. Die Benutzer des Unternehmens geben die maximal tolerierbare Zeit für Suche und Anzeige aufgrund fachlicher Anforderungen vor. Dabei ist die Realisierung insbesondere vom jeweiligen Stand der Informationstechnologie des Unternehmens abhängig. Untersuchungen und Erfahrungen zeigen, dass die Akzeptanz der Benutzer gegeben ist, wenn ein Dokument spätestens drei Sekunden nach dem Suchaufruf am Bildschirm angezeigt wird.

7. **Das unberechtigte und/oder unnachvollziehbare Löschen von Dokumenten ist technisch und organisatorisch auszuschließen und so zu organisieren, dass sowohl Aufbewahrungsfristen eingehalten als auch gesetzliche Löscherfordernisse erfüllt werden können.**
   Ein Dokument darf frühestens nach Ablauf seiner Aufbewahrungsfrist oder muss unverzüglich nach Maßgabe der gesetzlichen Vorschriften vernichtet – d. h. aus dem Archiv gelöscht – werden.
   So hat ein Kunde bspw. im Rahmen des Artikels 17 der EU-Datenschutzgrundverordnung (DSGVO) in bestimmten Fällen die Möglichkeit, eine unverzügliche Löschung seiner Dokumente aus dem digitalen Archiv zu verlangen. Das Unternehmen muss dies gewährleisten, wenn die in Artikel 17 angegebenen Bedingungen erfüllt sind und den Kunden über die Löschung informieren.

8. **Jede ändernde Aktion im digitalen Archiv muss für Berechtigte nachvollziehbar protokolliert werden.**
   Diese Anforderung entspricht dem „Radierverbot" in der Buchführung. Dabei ist zu gewährleisten, dass nachträgliche Änderungen erkennbar sind und dass der ursprüngliche Zustand eines Dokumentes während der gesamten Aufbewahrungszeit abgerufen und angezeigt werden kann.

9. **Es ist zu gewährleisten, dass das gesamte organisatorische und technische Verfahren der Archivlösung von einem sachverständigen Dritten jederzeit geprüft werden kann.**
   Diese Anforderung bedeutet, dass die Lösung beim jeweiligen Betreiber tatsächlich im Sinne all der zuvor aufgeführten Grundsätze im Einsatz ist. Für den Nachweis ist einerseits eine Verfahrensdokumentation unverzichtbar, andererseits muss

stets der ordnungsgemäße laufende Betrieb überprüfbar sein (z. B. anhand von Protokollen und von Maßnahmen im Rahmen eines „Internen Kontrollsystems“ (IKS)).

10. **Bei allen Migrationen und Änderungen am Archivsystem muss die Einhaltung aller zuvor aufgeführten Grundsätze sichergestellt sein.**
Diese Anforderung ergibt sich aus der Erfahrung, dass die Innovationszyklen eingesetzter Hard- und Software meist sehr viel kürzer sind als die Aufbewahrungszeiten bestimmter Dokumentenarten (z. B. Hypothekenverträge).
Während der Aufbewahrungszeit kommt es also praktisch immer zu Änderungen am Archivsystem (vom Austausch einzelner Geräte bis hin zur Migration des kompletten Archivbestands in ein vollkommen anderes technisches System). Bei derartigen Migrationsmaßnahmen müssen sämtliche aufgeführten Grundsätze beachtet werden. Insbesondere sind die Änderungen und Maßnahmen der Migration sorgfältig zu dokumentieren, so dass die Ordnungsmäßigkeit der Migration sowie der Nachweis der Vollständigkeit während der gesamten Aufbewahrungsfrist überprüfbar sind.

4.2.9. Verfahrensdokumentation als regulatorische Grundanforderung

Die Verfahrensdokumentation bildet das Fundament zum Nachweis der „Rechts- und Revisionssicherheit“ und damit der Beweiskraft der mit dem beschriebenen Verfahrenen verbundenen Qualitäts- und Leistungsaussagen.

Sie beschreibt in diesem Bezugsrahmen, ausgehend von der Aufgabenstellung, in schlüssiger, vollständiger und nachprüfbarer Form Bestandteile, Funktionsweise und Zusammenwirken von Organisation und Technik.

Ferner muss die Verfahrensdokumentation gleichfalls Verfahrensänderungen zeitnah und chronologisch lückenlos wiedergeben. Damit unterliegt die Verfahrensdokumentation selbst einem inhaltlich nachvollziehbaren Fortschreibungsprozess (Versionierung).

Die Methode, mit der die Rechts- und Revisionssicherheit eines so dokumentierten Verfahrens – aber auch die Verfahrensdokumentation selbst – überwacht und sichergestellt werden, ist in der Verfahrensdokumentation unter dem Kapitel „Internes Kontrollsystem (IKS)“ zu beschreiben.

4.2.10. Prüfobjekte

Die Prüfobjekte sind in diesem Zusammenhang:

- die Verfahrensdokumentation sowie
- die konkrete Lösung.

4.2.11. Geschlechtsbezogener Sprachgebrauch

Auf die gleichzeitige Verwendung geschlechtsspezifischer Sprachformen wird verzichtet. Sämtliche Personenbezeichnungen gelten gleichermaßen für alle Geschlechter.

5. Methodik der PK-DML

5.1. Definition von Kernkriterien

Die Prüfung einer Lösung wird auf der Grundlage der nachstehenden Kernkriterien vollzogen:

- Ordnungsmäßigkeit
- Vollständigkeit
- Nachvollziehbarkeit
- Unveränderbarkeit
- Verfügbarkeit

Auf dieser Grundlage wird *jedes* einzelne Bewertungskriterium angewendet. Die Kernkriterien sind somit die Checkpunkte innerhalb jedes einzelnen Bewertungskriteriums.

5.1.1. Ordnungsmäßigkeit

Unter dem Kernkriterium der „Ordnungsmäßigkeit" werden mehrere Teilaspekte zusammengefasst, die zur Erfüllung der rechtlichen Rahmenbedingungen dienen. Dies umfasst gesetzliche, behördliche und innerbetriebliche Regelungen ebenso wie vertragliche Verpflichtungen. Hierzu zählen u.a.:

- Sicherstellung der Ordnung innerhalb des Systems, so dass die Dokumente und Daten eindeutig indexiert werden. Dazu zählt auch die korrekte zeitliche und sachliche Einordnung der Dokumente – beispielsweise zu einer Buchungsperiode, einem Projekt oder einer Akte.

- Sicherstellung einer zeitgerechten Verarbeitung der Dokumente und Daten, um mögliche Verluste und Manipulationen vor der Archivierung auszuschließen.
- Sicherstellung der Richtigkeit durch Übereinstimmung von Original und archiviertem Dokument gemäß den Anforderungen – beispielsweise bildliche oder inhaltliche Übereinstimmung, gleiche Farben, Erfüllung von Signatur-Anforderungen.
- Sicherstellung der Vertraulichkeit, so dass Dokumente und Daten nur von berechtigten Benutzern eingesehen und bearbeitet werden können.
- Eindeutige Definition von Zuständigkeiten, sowohl innerbetrieblich als auch beim Outsourcing.
- Einrichtung eines „Internen Kontrollsystems" (IKS).

5.1.2. Vollständigkeit

Unter dem Kernkriterium der „Vollständigkeit" einer Lösung ist die Sicherstellung von der lückenlosen Erfassung und Aufbewahrung aller relevanten Daten und Dokumente bis zu deren verlustfreien Reproduktion über den gesamten Zeitraum der erforderlichen Aufbewahrung zu verstehen.

5.1.3. Unveränderbarkeit

Das Kernkriterium der „Unveränderbarkeit" stellt sicher, dass keine Änderungen mehr an Dokumenten und Daten vorgenommen werden können. Sind Änderungen unerlässlich (z. B. doppelte Archivierungsläufe, Korrektur falscher Indexierung), so können zwar Korrekturen vorgenommen werden, jedoch müssen der ursprüngliche Zustand und die zeitliche Abfolge und Wirkung von Änderungen jederzeit nachvollziehbar sein.

Die Unveränderbarkeit ist sowohl durch technische als auch durch organisatorische Maßnahmen sicherzustellen und betrifft neben den archivierten Dokumenten selbst auch die Zugriffsinformationen (Metadaten / Indexwerte), elektronische Signaturen sowie alle beweisstützenden Bestandteile, wie etwa die Verfahrensdokumentation und System- und Testprotokolle. Hierbei muss im Lebenszyklus der Dokumente der Zeitpunkt, ab dem die Unveränderbarkeit gelten soll, eindeutig festgelegt sein.

5.1.4. Verfügbarkeit

Das Kernkriterium der „Verfügbarkeit" stellt sicher, dass die Dokumente und Daten jederzeit gelesen und gemäß den Anforderungen verarbeitet werden können. Hierzu zählen u.a. Einhaltung erforderlicher Zugriffszeiten, physische Sicherungsmaßnahmen, Datensicherungs- und Auslagerungsverfahren sowie Regelungen für die Wartung, den Standard- und Notfallbetrieb sowie ein Migrationskonzept.

5.1.5. Nachvollziehbarkeit

Das Kernkriterium der „Nachvollziehbarkeit" verlangt, dass es einem sachverständigen Dritten ermöglicht wird, sich in angemessener Zeit einen Überblick über die vorliegende Lösung, deren Prozesse, Nutzung und verwendete Test- und Freigabeverfahren zu verschaffen.

Das betrifft zum einen das Gesamtsystem – inkl. aller Prozesse –, das im Rahmen einer Verfahrensdokumentation zu dokumentieren ist. Zum anderen müssen fachliche und operative Abläufe nachvollziehbar sein, wobei der Umfang vom Einsatzzweck abhängt. Hierfür sind Protokollierungen erforderlich, die bestimmte Operationen nachvollziehbar machen. Beispiele hierfür sind: Rechnungsfreigabe, Vertragsgenehmigung, Indexänderung, Dokumentlöschung, Benutzeradministration.

5.2. Erstellung einer Verfahrensdokumentation auf Basis der Prüfkriterien

Die PK-DML-Bewertungsbereiche sind so gestaltet, dass eine klare Abgrenzung von Kontroll- und Prüfungssachverhalten bereits strukturell gewährleistet ist. Anwendungsbezogene, individuelle Kontroll- und Prüfungserfordernisse sind damit jedoch nicht erfasst und erfordern weitergehende Gestaltungsmaßnahmen. Im konkreten Anwendungsfall gilt es, die Rolle der Verfahrensdokumentation präzise festzulegen. Eine rechts- und revisionssichere Verfahrensdokumentation beschreibt stets einen konkreten individuellen Einsatzfall.

Im Kontext bestehender IT-Compliance-Anforderungen und weiteren Nachweiserfordernissen, bspw. gegenüber Aufsichtsstellen lassen sich durch eine strategisch gut gestaltete Verfahrensdokumentation Redundanzen vermeiden, Komplexität verringern und dadurch die Rechts- und Revisionssicherheit in schlüssiger Weise darstellen.

Damit eine Verfahrensdokumentation allgemein im Bereich IT-Compliance und insbesondere im Bereich Rechts- und Revisionssicherheit belastbar wird, ist neben der strategischen Ausrichtung auch deren technische und organisatorische Gestaltung von größter Bedeutung. Dies umfasst insbesondere folgende Eigenschaften:

- Fortlaufende und zeitnahe Aktualisierung und Erhalt der inneren Stimmigkeit,
- chronologisch lückenlose Nachvollziehbarkeit über die gesamte Dauer von Nachweiserfordernissen. Diese umfasst eine geeignete Versionsführung in einem hinreichend definierten und begründeten Detailierungsgrad.

Die Kernkriterien Ordnungsmäßigkeit, Vollständigkeit, Unveränderbarkeit, Verfügbarkeit und Nachvollziehbarkeit sind auch für die Verfahrensdokumentation die relevanten Eckparameter. Eine effiziente Verfahrensdokumentation bindet dabei alle qualitäts- und Compliance-sichernden Maßnahmen ein. Sie ist das zentrale Werkzeug des Compliance-Managements von IT-Lösungen.

Ferner gilt es, die Frage nach der angemessenen Beschreibungstiefe zu klären. Gerade in diesem Punkt empfiehlt es sich, die geübte Praxis zum konkreten Anwendungsfall zu ermitteln sowie diese durch geeignete Experten und Prüfstellen bestätigen zu lassen. Dabei sind die möglichen Schadensrisiken zu Grunde zu legen und für die Verhältnismäßigkeit der Dokumentation zu berücksichtigen.

Eine Compliance-orientierte Verfahrensdokumentation zeigt auf, dass die Prozesse unter Berücksichtigung der jeweils zeitaktuell geltenden Sachlage systematisch und verantwortlich gestaltet werden.

Das Management der Verfahrensdokumentation gehört als wesentlicher Baustein von IT-Compliance in den Verantwortungsbereich der obersten Führungsebene.

5.3. Trennung von Anwendungsfeldern

Dokumentenprozesse durchziehen alle Bereiche eines Unternehmens. Der Einsatz einer Lösung erstreckt sich somit oftmals über rechtlich zu differenzierende Sachverhalte. Diese Sachverhalte müssen entsprechend klar dargestellt und abgegrenzt werden, damit deren Korrektheit zeitnah und zusammenhängend geprüft werden kann.

Die nachfolgende Grafik zeigt ein Beispiel für den Einsatz einer Lösung über verschiedene Anwendungsfelder (Buchhaltung, Personalakte usw.). Hierin wird auch deutlich, wie zum einen fachliche Sachverhalte gegeneinander abzugrenzen sind, zum anderen, wie diese wiederum klar von der technischen Umsetzung abzugrenzen sind.

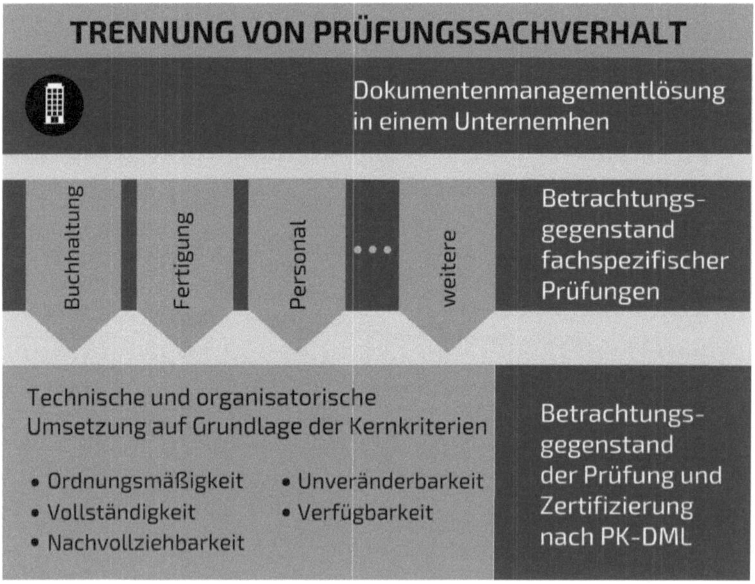

Abbildung 3 – Trennung von Prüfungssachverhalten

6. Überblick über die Bewertungsbereiche

Das vorliegende Kriterienwerk umfasst die Anforderungen zur Zertifizierung einer Lösung.

Alle einzelnen Kriterien sind als Positivaussagen formuliert. Die Aussagen sind in diesem Sinne „K.O.- Kriterien".

Sofern einzelne Kriterien für die Lösung nicht relevant sind, ist dies jeweils zu begründen.

Eine Zertifizierung kann nur erfolgen, wenn alle relevanten Kriterien auf die zu prüfende Lösung als zutreffend festgestellt wurden.

Die der Prüfung zugrunde liegende Verfahrensdokumentation muss entsprechend auf alle relevanten Aspekte der Lösung eingehen und dadurch die Bewertung der Anforderungen erlauben. Sie muss daher zu den folgenden Punkten Aussagen enthalten.

1. Allgemeine Beschreibung des Einsatzgebietes
2. Fachliche und sachlogische Lösung
3. Technische Lösung
4. Informationssicherheit
5. Technischer Betrieb
6. Langzeitverfügbarkeit und Migration
7. Mitarbeiterqualifikation
8. Tests
9. Outsourcing
10. Beschreibung des Internen Kontrollsystems (IKS)

Die Details ergeben sich aus den Anforderungen in den jeweiligen Kapiteln zu den Bewertungskriterien.

6.1. Allgemeine Beschreibung des Einsatzgebietes

Anhand der Beschreibung ist ein organisationsfremder Prüfer in der Lage, das Unternehmen, seine Aufbau- und Ablauforganisation sowie die Eingliederung der Lösung in das Unternehmen zu überblicken.

6.2. Fachliche und sachlogische Lösung

Die Beschreibung ist so aufgebaut, dass die folgenden Sachverhalte für einen organisationsfremden Prüfer nachvollziehbar sind. Die Beschreibung beinhaltet:

- die Aufbau- und Ablauforganisation der anwendenden Organisationseinheiten,
- die mit der Lösung verbundenen fachlichen Aufgaben aus Sicht des Anwenders,
- die für die Lösung relevanten Dokumenten- bzw. Informationsbestände,
- die in Bezug auf die Lösung relevanten rechtlichen Rahmenbedingungen,
- die unternehmensspezifischen Anforderungen an die Lösung sowie
- alle Prozesse und Handlungsanweisungen, die für die Zielerfüllung der Lösung im Sinne der aufgeführten Bewertungsbereiche erforderlich sind.
- Alle Dokumentationen, die die ordnungsgemäße Anwendung nachweisen.

6.3. Technische Lösung

Die technische Realisierung der Lösung ist nachvollziehbar dargestellt. Dabei sind ausgehend von einer Gesamtübersicht sowohl die einzelnen Komponenten der Lösung (Hard- und Software) als auch deren Zusammenspiel beschrieben.

6.4. Informationssicherheit

Es ist ein Informationssicherheitskonzept vorhanden, in dem die möglichen Risiken in Bezug auf die Informationssicherheit und den Datenschutz benannt und den jeweiligen Sicherungsmaßnahmen gegenübergestellt werden.

6.5. Technischer Betrieb

Es liegt eine Beschreibung von Maßnahmen und deren Umsetzung zur Sicherung eines ordnungsgemäßen Betriebes (Betriebsbedingungen, Betriebsvoraussetzungen und Betriebsprozesse) vor.

6.6. Langzeitverfügbarkeit und Migration

Langzeitverfügbarkeit ist die Eigenschaft, Daten und Dokumente über sehr lange Zeiträume verfügbar und nutzbar zu halten.

Migrationsfähigkeit ist eine aus der Anforderung an die Langzeitverfügbarkeit resultierende notwendige Eigenschaft von Lösungen.

Es liegt ein detailliertes Fachkonzept bzw. eine Migrationsdokumentation vor, wie Langzeitverfügbarkeit und Migrationsfähigkeit sichergestellt werden.

6.7. Qualifikation der Beschäftigten

Die für die Nutzung und den ordnungsgemäßen Betrieb der Lösung erforderlichen Qualifikationen der internen und externen Beschäftigten sind beschrieben. Eine entsprechende Qualifikation der jeweiligen Beschäftigten ist nachgewiesen und entsprechende Qualifikationsmaßnahmen sind dokumentiert.

6.8. Tests

Die in der Verfahrensdokumentation beschriebenen fachlichen Anforderungen der im Fokus stehenden Verfahren sowie die Funktionalität der Lösung ist durch Tests nachvollziehbar sichergestellt. Eine entsprechende Testkonzeption sowie die entsprechenden Testpläne und -protokolle werden vorgehalten.

6.9. Outsourcing

Die Besonderheit beim Outsourcing besteht darin, dass die Lösung oder Teile davon nicht durch den Betreiber selbst, sondern durch einen oder mehrere von ihm beauftragte Dienstleister erfolgt. Hierzu gehört auch das Cloud-Computing, sofern die Leistung durch rechtlich Dritte erfolgt. Die Verantwortung für die Einhaltung der rechtlichen Vorschriften und die Erfüllung der Kernkriterien für die ausgelagerten Teile der Lösung verbleiben dabei stets beim Auftraggeber. Davon entbinden ihn auch keine vertraglichen Regelungen mit dem Outsourcing-Dienstleister.

Anmerkung:

Entwicklungen in der Rechtsprechung und bei Compliance-Anforderungen unterstreichen nicht nur diese Verantwortung, sondern fordern auch die regelmäßige Kontrolle der Umsetzung und Einhaltung beim Outsourcing Dienstleister.

Die durch Outsourcing ausgelagerten Teilbereiche der Lösung sind speziell unter diesem Aspekt in ihrer Gesamtheit vollständig beschrieben.

6.10. Beschreibung des Internen Kontrollsystems (IKS)

Das „Interne Kontrollsystem" (IKS) ist die Gesamtheit aller Kontrollmaßnahmen. Es umfasst alle organisatorischen und technischen Maßnahmen wie auch die eindeutige und vollständige Zuordnung von Verantwortlichkeiten.

Dazu zählen auch die Kontrollmaßnahmen, die für die Gewährleistung der benötigten Rechts- und Revisionssicherheit der Lösung erforderlich sind. Diese beinhalten insbesondere die Führung der Verfahrensdokumentation sowie deren fortlaufende und zeitnahe Aktualisierung.

Die Beschreibung des IKS zeigt schlüssig die Methodik auf, in welcher Weise die Herleitung, Umsetzung, Aktualisierung und laufende Überwachung der Kontrollmaßnahmen vollzogen und gewährleistet wird.

7. Bewertungskriterien

Dieser Abschnitt umfasst die konkreten Prüfkriterien, sowie Erläuterungen zum allgemeinen Verständnis.

7.1. Allgemeine Beschreibung des Einsatzgebiets

Damit sich ein organisationsfremder Prüfer ein Bild von den Rahmenbedingungen der Lösung machen kann, muss das Einsatzgebiet hinreichend beschrieben sein.

Neben der Zielsetzung für den Einsatz der Lösung sollten auch Art (z.B. Verträge, Rechnungen, Zeichnungen) und Umfang kurz beschrieben werden.

Zu den wesentlichen Elementen der Beschreibung gehören insbesondere die anzuwendenden Gesetze, internen Richtlinien und zu berücksichtigende Risiken.

7.1.1. Darstellung der Organisation

Das Unternehmen bzw. die Organisation sind so beschrieben, dass eine klare Vorstellung von den Aufgaben und Zielsetzungen entsteht.

Erläuterung

Eine allgemeine Tätigkeitsbeschreibung des Unternehmens und seiner Kernkompetenzen – inbegriffen einer kurzen Erläuterung der entsprechenden Branche – ist hinreichend. Es geht darum, eine Vorstellung zu vermitteln, welche Bedeutung die Lösung für das Unternehmen bzw. die Organisation hat.

7.1.2. Standort

Die genauen Standorte der Organisationseinheiten und der IT-Komponenten sind beschrieben.

> Erläuterung
>
> Dazu gehören die genauen Anschriften der Standorte sowie Bereichsbezeichnungen, z.B. Rechenzentrum XY. Ferner ist zu beschreiben, welche Teile des Systems an welchen Standorten betrieben werden.

7.1.3. Aufbauorganisation

Die Aufbauorganisation ist in verständlicher Form textlich und grafisch dargestellt.

> Erläuterung
>
> Es ist eindeutig welche Organisationseinheiten für die folgenden Aspekte der Lösung verantwortlich zeichnen:
>
> - Fachliche Verantwortung der Lösung
> - Benutzerverwaltung, Authentifizierung und Zugriffsrechte
> - Fachliche und technische Weiterentwicklung der Lösung
> - Support und Betrieb der Lösung
> - Bauliche und technische Sicherheit der Lösung
> - Kontinuierliche Pflege der Verfahrensdokumentation
>
> Die Beschreibung der allgemeinen Organisation liefert dem organisationsfremden Prüfer den Rahmen für die Bewertung einzelner organisatorischer Maßnahmen. Die Beschreibungstiefe orientiert sich an diesem Zweck. Die funktionalen Abteilungen und Organisationseinheiten sind dargestellt und durch Organigramme veranschaulicht.

7.2. Fachliche und sachlogische Lösung

Es werden Zweck und Aufgabe der Lösung aus fachlicher und sachlogischer Sicht der Fachabteilungen beschrieben. Die Beschreibungstiefe muss die konkrete Ausgestaltung der installierten Lösung vor dem Hintergrund der jeweiligen fachlichen Ziele aufzeigen.

7.2.1. Rahmen, Aufgabenstellung und Richtlinien

Der Rahmen und die Aufgabenstellungen (Ziele) der Lösung sind beschrieben. Alle durch die Lösung einzuhaltenden Richtlinien – wie Gesetze, Verordnungen, Auflagen und Vereinbarungen – sind aufgeführt.

> Erläuterung
>
> Die Lösung selbst sollte auf fachlich verständlicher Ebene beschrieben werden. Dies umfasst den Einsatzzweck, Prozesse, Standorte und Arbeitsorganisation sowie Aufgabenteilung. Es muss deutlich werden, unter welchen rechtlichen Anforderungen das System betrieben wird (z. B. Finanzbuchhaltung: HGB, AO). Es gibt ferner Richtlinien, die eigene konkrete Vorgaben zum Betrieb von IT-Systemen enthalten (z. B. WpHG) und besondere Maßnahmen erfordern.
> Beispielsweise sind die Richtlinien zum Datenschutz (DSGVO und dem aktuellen BDSG-neu) anwendbar.

7.2.2. Organisationsbeschreibung

Eine Organisationsbeschreibung der betroffenen Bereiche liegt vor.

Erläuterung

Die Beschreibung ist eine weitere Detaillierung der Organisationsbeschreibung, jedoch nur bezogen auf die von der Lösung betroffenen Organisationseinheiten. Zuständigkeiten und Verantwortlichkeiten in Bezug auf Erzeugung, Bearbeitung, Verwaltung, Archivierung und Vernichtung der Dokumente sollten eindeutig erkennbar sein. Sofern externe Organisationseinheiten eingebunden sind (Outsourcing), sind diese ebenfalls zu beschreiben.

7.2.3. Dokumentenbestände

Eine Beschreibung der Dokumentenbestände einschließlich der notwendigen Aufbewahrungsfristen liegt vor. Es ist anzugeben, wie die Einhaltung der Aufbewahrungsfristen umgesetzt wird.

Erläuterung

Die Bestände sind qualitativ klassifiziert und ihre Mengengerüste sind angegeben. Dabei wird nach verschiedenen Dokumentenarten differenziert (z. B. Buchungsbelege, Rechnungen, Korrespondenz, technische Produktdokumentation). Diese sind nach Aufbewahrungsart und -dauer beschrieben. Je nach Anwendungsszenario (z.B. bei Anwendung der BSI TR-03138 (RESISCAN)) muss zusätzlich der Schutzbedarf für die Information festgeschrieben werden.
Einschlägige (z. B. gesetzliche/betriebliche) Vorschriften für den Umgang mit den verschiedenen Dokumentenarten müssen dargelegt werden. Aufgrund ihrer sehr bedeutsamen Rolle sei als Beispiel auf die geltenden Datenschutzbestimmungen hingewiesen, die insbesondere im Kontext mit Aufbewahrungsfristen besondere Regelungen und Mechanismen erfordern können.

Hinweis: Es ist zu beachten, dass Dokumente in bestimmten Fällen im Ursprungsformat vorgehalten werden müssen (z. B. Papieroriginale, E-Mails, Elektronische Rechnungen)

7.2.4. Digitalisierung und Übernahme von Papierdokumenten

Das Verfahren zur Digitalisierung, Übernahme und Indexierung von Papierdokumenten ist beschrieben.

Erläuterung

Das Scannen ist ein mehrstufiger Prozess, der in allen Schritten organisatorisch abgesichert sein muss, um die vollständige und richtige Erfassung aller Dokumente zu gewährleisten. Dieses gilt für das Scannen einzelner Dokumente und für das Stapelscannen gleichermaßen. In jedem Falle sind die Bildqualität sowie die korrekte und vollständige Erfassung der Dokumente regelmäßig zu überprüfen

7.2.5. Vernichtung von Papier- und sonstigen Originaldokumenten

Die Vernichtung von Papier- und sonstigen Originaldokumenten ist mit den entsprechenden rechtlichen und internen Anforderungen beschrieben.

Erläuterung

Im Zusammenhang mit dem Digitalisieren von Papierdokumenten steht oftmals auch der Wunsch, diese nach der Digitalisierung zu vernichten. Ob und in welcher Weise dies erfolgen kann, muss in der Regel unter den verschiedenen Rahmenbedingungen bestimmt werden (z. B. handelsrechtliche oder zivilrechtliche Erfordernisse). Entsprechend sind Kriterien und Zeitpunkte zu beschreiben. Ferner ist zu beachten, dass bei allen denkbaren Störfällen des Betriebs der

Lösung die Dokumente notfalls immer noch so lange im Original verfügbar sind und erneut gescannt werden können, bis deren ordnungsmäßige Erfassung gesichert und ein Backup hergestellt worden ist. Vor dem Vernichten muss außerdem sichergestellt sein, dass eine inhaltliche / bildliche Übereinstimmung zwischen dem archivierten und zu vernichtenden Dokument vorliegt.
Papieroriginale dürfen nicht vernichtet werden, wenn das Gesetz oder vertragliche Regelungen ein Schriftformerfordernis vorschreiben oder wenn die Herausgabe von Originaldokumenten vorgesehen ist.
Für den Erhalt des Anscheinsbeweises sollten die Papierdokumente nach dem Stand der Technik zum Beispiel gemäß BSI TR-03138 (RESISCAN) oder VOI-CERT „TR-RESISCAN ready" in ein elektronisches Format transformiert und anschließend revisionssicher bzw. beweiswerterhaltend aufbewahrt werden.
Werden Originaldokumente zusätzlich zur elektronischen Kopie aufbewahrt, muss dieses entweder bei den elektronischen Dokumenten erkennbar sein oder es müssen hierfür eindeutige Regeln existieren (Bsp. definierte Dokumentarten).
Analog gilt das auch für andere Medienformen wie z. B. Filme oder Bilder, die in ein elektronisches Format umgewandelt werden oder für die Formatkonvertierung elektronischer Dokumente.

7.2.6. Übernahme elektronisch eingehender Dokumente

Das Verfahren zur Übernahme von originär digitalen Dokumenten (Dateien) ist beschrieben.

Erläuterung

Elektronisch eingehende Dokumente sind fachlich genauso zu behandeln wie digitalisierte Dokumente. Allerdings fallen neben den eigentlichen Dokumenten oft zusätzlich weitere Daten an (z. B. komprimierte Übertragungsformate, Signaturinformationen oder Log-Dateien). Auch ist zu prüfen, ob die ursprünglichen Dateinamen und Dateiattribute beibehalten werden müssen oder ob Änderungen zulässig sind. Es ist zu entscheiden und zu dokumentieren, ob diese Zusatzinformationen ebenfalls aufbewahrt werden.

Die Beschreibung der Übernahmeprozesse umfasst u.a. die zeitnahe, korrekte und vollständige Übernahme der Dokumente. Entsprechende Arbeitsanweisungen liegen vor. Die Dateien werden im Originalsystem erst gelöscht, nachdem eine fehlerfreie Übernahme in die Lösung und eine anschließende Datensicherung erfolgt sind.

Digital vorhandene Dokumente, z. B. Dateien aus Office-Anwendungen werden durch manuelle Dateierfassung oder aber auf anderen technischen Wegen automatisiert in die Lösung übernommen.

Soll beispielsweise in einem Anwendungsfall nachgewiesen werden, dass Dokumente/Informationen nach dem Eingang nicht verändert wurden, sind diese vor dem Archivieren z.B. mit einer Signatur/einem Siegel zu versehen oder mit einem anderen Verfahren zu sichern, welches die Integrität sicherstellt.

7.2.7. Behandlung von elektronisch signierten Dokumenten

Der Einsatz von elektronischen Signaturen bzw. Siegeln, die zugehörigen Prüfungsverfahren sowie die Wahrung der Signaturgültigkeit innerhalb der einzuhaltenden Aufbewahrungsfrist sind beschrieben. Die Verfahren zur Übernahme, Prüfung und Beweiswerterhaltung elektronisch signierter oder gesiegelter Dokumente sind beschrieben.

Erläuterung

Es ist zu unterscheiden zwischen eingehenden, signierten bzw. gesiegelten Dokumenten und selbst erstellten Signaturen bzw. Siegeln sowie Zeitstempeln im Sinne der EU-Verordnung 910/2014 (eIDAS).
Es ist zu beachten, dass die Signaturgültigkeit vom Status des verwendeten Zertifikats und der Eignung der eingesetzten Algorithmen abhängig ist. Vor Ablauf der Gültigkeit innerhalb der Aufbewahrungsfrist der Dokumente sind in der Regel zusätzliche, beweiswerterhaltende Maßnahmen zu ergreifen.
Es ist deshalb zu beschreiben, ob und wie ggf. eine Beweiswerterhaltung erfolgt und wie die Organisation der Daten geregelt ist, um das zu ermöglichen. Hierzu können z. B. die Verfahren nach TR-ESOR oder eIDAS (Bewahrungsdienst) zur Anwendung kommen.
Grundsätzlich ist die gewünschte/erforderliche Beweiskraft darzulegen.
Der Prozess der Signatur- bzw. Siegelerstellung (Einzel-/Massenerstellung) ist zu beschreiben. Bei empfangenen elektronischen Signaturen bzw. Siegeln ist ggf. zusätzlich die Durchführung der Verifizierung der Signaturen bzw. Siegeln zu dokumentieren.
Weiterhin sind ggf. die organisatorischen Prozesse für die eigene Zertifikatsverwaltung zu beschreiben (Erneuerung, Verlust, Diebstahl, Sperre etc.).
Die elektronische Signatur bzw. das elektronische Siegel geht bei einer Formattransformation (z. B. Ausdruck, digitale

Formatwandlung) verloren oder wird ungültig, sofern nicht entsprechende Vorkehrungen getroffen werden. Es ist zu beschreiben, wie in solchen Fällen mit elektronischen Signaturen umgegangen und z. B. ein Transfervermerk erstellt wird.

7.2.8. Behandlung von E-Mails

Die Verfahren zur Übernahme und Indexierung von E-Mails mit den darin enthaltenen Dokumenten und Anhängen sind mit den entsprechenden rechtlichen und internen Anforderungen beschrieben.

Erläuterung

Bei der Behandlung von E-Mails ist eine Reihe von Kriterien zu beachten. Es empfiehlt sich, einen gesonderten Leitfaden für die Handhabung zu erstellen, der insbesondere folgende Punkte umfasst:

- Entscheidung, ob bei E-Mails nur die Anhänge und/oder auch die E-Mails selbst aufzubewahren sind. Dieses betrifft insbesondere signierte und/oder verschlüsselte E-Mails.
- Regeln und Verfahren zur Prüfung signierter sowie Entschlüsselung verschlüsselter E-Mails
- Verbot bzw. Zulässigkeit privater E-Mails; ggf. Regeln zum Umgang mit privaten E-Mails
- Regeln zu Spam- und Virenfiltern
- Regeln zum Datenschutz bei geschäftlichen und ggf. privaten E-Mails
- Regeln zur Klassifizierung geschäftsrelevanter und steuerrelevanter E-Mails
- Regeln für die Zuordnung von E-Mails zu einzelnen Geschäftsvorgängen

- Regeln zur Abgrenzung archivierungspflichtiger, archivierungswürdiger und nicht archivierungswürdiger E-Mails

Bei der gesetzeskonformen und nachweisbaren De-Mail (nach De-Mail Gesetz) und dem Elektronischen Einschreiben nach eIDAS (beide im Folgenden „eEinschreiben“ genannt) müssen weitere Kriterien beachtet werden:

- Verbot bzw. Zulässigkeit privater eEinschreiben; ggf. Regeln zum Umgang mit privaten eEinschreiben
- Regeln zum Datenschutz bei geschäftlichen und ggf. privaten eEinschreiben
- Regeln zur Klassifizierung geschäftsrelevanter und steuerrelevanter eEinschreiben
- Regeln für die Zuordnung von eEinschreiben zu einzelnen Geschäftsvorgängen
- Regeln, wer eEinschreiben nutzen darf
- Regeln zur Aufbewahrung aller eEinschreiben und Anhänge

Sofern Betriebsvereinbarungen und Arbeitsverträge einschlägige Regelungen zu diesen Punkten enthalten, ist dies dokumentiert.
Bei der E-Mail-/eEinschreiben-Aufbewahrung ist insbesondere auf die Trennung von steuerrelevanten und nicht steuerrelevanten E-Mails/eEinschreiben zu achten. Buchführungsrelevante E-Mails/eEinschreiben sind „originär elektronische Dokumente“ im Sinne des Handels- und Steuerrechts und unterliegen weiteren Vorgaben.
Sofern E-Mails/eEinschreiben mit mehreren Empfängern und/oder E-Mails mit gleichen Dateianhängen platzsparend aufbewahrt werden (Stichwort „Single Instance“), ist dies entsprechend dokumentiert.

Der Zusammenhang zwischen der einzelnen E-Mail/eEinschreiben und den Anhängen ist nachvollziehbar im System abgebildet.
Es ist zu gewährleisten, dass mit organisatorischen und/oder technischen Mitteln die Identifizierung der aufbewahrungspflichtigen E-Mails/eEinschreiben und deren zeitnahe, korrekte und vollständige Übernahme (inklusive ihrer Dateianhänge) in das System erfolgen. Die E-Mail/eEinschreiben werden im Mail-Server bzw. –Client erst gelöscht, nachdem eine fehlerfreie Übernahme in das System erfolgt ist.
Einzelne E-Mails können durch explizite Aktionen einzelner Benutzer übernommen werden. Alternativ können automatische Übernahmeverfahren E-Mails/eEinschreiben nach bestimmten Regeln ohne Benutzeraktion in das System übernehmen. Neben der rein technischen Übernahme von E-Mails/eEinschreiben sind häufig organisatorische Regelungen für deren Archivierung erforderlich.
Hinweis: E-Mail bezeichnet hier ungesicherte und gesicherte (signierte und/oder verschlüsselte) E-Mails unabhängig vom Anbieter.
Für den Anwendungsfall einer sicheren Implementierung des Transports von E-Mails hat das Bundesamt für Sicherheit in der Informationstechnologie beispielsweise die technische Richtlinie „BSI TR-03108-1: Secure E-Mail Transport“ herausgegeben. Sichere Kommunikation zwischen verschiedenen Partnern wird z.B. auch in ISO/IEC 27010 behandelt.

7.2.9. Übernahme von digitalen Massendaten

Das Verfahren zur Übernahme und Indexierung digitaler Massendaten ist beschrieben.

Erläuterung

Unter digitalen Massendaten werden in größerer Menge automatisiert erstellte Dokumente oder Druckdatenströme (z. B. COLD) verstanden. Diese sind zeitnah, korrekt und vollständig in die Lösung zu übernehmen.
Derartige Dokumente werden von Drittsystemen generiert, so dass u.a. spezifische Schnittstellenbeschreibungen erforderlich sind. Die Dateien werden im Originalsystem erst gelöscht, nachdem eine fehlerfreie Übernahme in die Lösung erfolgt ist.
In manchen Anwendungsszenarien wird ein ECM-/DMS-System quasi als Erweiterungsmodul eines führenden ERP-Systems betrieben, wobei der Datenaustausch über eine definierte Schnittstelle erfolgt. Typischerweise werden in solchen Fällen nicht alle Funktionen des ECM-/DMS-Systems benutzt. So geschieht z. B. die Indexierung und Suche oft im ERP-System anstatt im ECM-/DMS-System. In der Verfahrensdokumentation muss dabei jedoch der gesamte Erfassungs- und Bearbeitungsprozess im Gesamtzusammenhang transparent werden, wobei ggf. auf die Dokumentation des führenden Systems verwiesen sein kann.
Das ECM-/DMS-System muss die Funktionen bereitstellen, die das führende System gemäß der Schnittstellenspezifikation von ihm erwartet.

7.2.10. Indexieren

Das Verfahren für das Indexieren ist beschrieben. Für manuelle Indexier-Abläufe sind Arbeitsanweisungen vorhanden.

Erläuterung

Durch das Indexieren werden einem Dokument eindeutige Ordnungskriterien zugeordnet. Diese sind insbesondere

für die spätere Recherche und das Wiederauffinden in der Lösung wesentlich.
Das Indexieren kann manuell, halbautomatisch oder vollautomatisch erfolgen.
Beim manuellen Indexieren können durch fehlerhafte Dateneingabe besondere Risiken entstehen. Die Beschreibung muss daher insbesondere aufzeigen, wie diese Risiken minimiert werden, z. B. durch entsprechende Gestaltung der Mensch-Maschine-Schnittstelle und entsprechende Arbeitsanweisungen für das Erfassungspersonal.
Bei der automatischen Indexierung werden die erforderlichen Indexwerte durch die Systemlösung vergeben. Die Indexwerte werden mittel- oder unmittelbar aus den Dokumenten abgeleitet (z. B. OCR, ICR, Zuordnung über Barcodes oder Übernahme von Werten aus externen Datenbanken).
Sowohl bei manueller als auch bei halb- und vollautomatischer Indexierung muss deren Korrektheit durch technische und organisatorische Maßnahmen sichergestellt sein (z. B. Eindeutigkeit von identifizierenden Schlüsselwerten, Auswahllisten, Prüfsummenverfahren, Erkennung von Doppelerfassung, Stichprobenkontrollen, Plausibilitätsprüfungen).

7.2.11. Archivieren

Das Verfahren für die unveränderbare Archivierung eines Dokuments ist beschrieben.

Erläuterung

Es muss sichergestellt werden, dass deren Archivierung sicher, unveränderbar und nachvollziehbar erfolgt. Dies schließt nicht aus, dass bei Bedarf neue veränderte Versionen archivierter Dokumente erzeugt werden können (Synonyme: Renditions, Revisionen). Die Originalversion und alle Folgeversionen müssen dann jedoch immer rekonstruierbar sein. Dementsprechend muss stets eine lückenlose Dokumentenhistorie vorhanden sein. Die Archivierung von Dokumenten wird in geeigneter Weise protokolliert. Für die Bewertung einer geeigneten Archivierung siehe auch „Die 10 Merksätze des VOI zur revisionssicheren elektronischen Aufbewahrung von digitalen Dokumenten".

7.2.12. Recherche und Zugriff

Das Verfahren für den Zugriff auf Dokumente ist beschrieben und basiert auf einem abgestimmten Berechtigungskonzept.

Erläuterung

Jedes Dokument muss über seine Indexwerte jederzeit hinreichend schnell recherchiert und aufgefunden werden können. Die Recherche muss die Erfordernisse des Berechtigungskonzeptes erfüllen (z. B. keine Anzeige unberechtigter Dokumente in Trefferlisten).
Der Zugriff auf Dokumente basiert auf den jeweils freigegebenen Berechtigungen (z. B. nur Trefferliste anzeigen, nur lesen, auch bearbeiten und versionieren). Es ist darauf zu achten, dass die Nachvollziehbarkeit den erforderlichen innerbetrieblichen und rechtlichen Anforderungen genügt.
Es ist ferner beschrieben, wie Recherche und Zugriff erfolgen können (z. B. DMS-/Archiv-Client, Browser, mobiler Client).
Der Zugriff und die Recherche sollen technisch gegen Missbrauch abgesichert sein.

7.2.13. Check-in / Check-out

Das Verfahren für Check-in/Check-out eines Dokuments ist beschrieben.

Erläuterung

Bei Bedarf wird ein Dokument durch eine Check-out-Funktion gesperrt, so dass eine unkoordinierte, gleichzeitige Bearbeitung ausgeschlossen wird. Außerdem ist zu gewährleisten, dass bei Bedarf ein ausgechecktes Dokument auf Basis entsprechender Berechtigungen wieder eingecheckt werden kann.

7.2.14. Bearbeiten und Versionieren

Die Verfahren für das Bearbeiten und Versionieren von Dokumenten sind beschrieben.

Erläuterung

Bei Bedarf können neue Versionen eines Dokuments erzeugt werden. Die Veränderungen werden nachvollziehbar protokolliert. Dies betrifft sowohl Dokumenteninhalte als auch die Indexwerte. Es muss zudem nachvollziehbar sein, wer wann welche Version angelegt hat.
So können beispielsweise auf bildhaft archivierten Dokumenten (Images) Annotationen ergänzt werden oder aber bei CI-Dokumenten (z. B. Word- oder Excel-Dateien) inhaltliche Veränderungen vorgenommen werden. In beiden Fällen entstehen – neben den Ausgangsdokumenten – neue Dokumente und damit neue Versionen. Alte Versionen können bei Bedarf angezeigt werden.
Die Dokumenthistorie ist lückenlos über den gesamten Lebenszyklus eines Dokumentes zu archivieren.

7.2.15. Weiterleiten

Das Verfahren für das Weiterleiten von Dokumenten ist beschrieben. Dabei ist die Einhaltung der Berechtigungen gewährleistet.

Erläuterung

Bei Bedarf können Dokumente weitergeleitet werden (z. B. inhaltliche Prüfung, Einhaltung Vier-Augen-Prinzip, Weiterbearbeitung). Eine Weiterleitung kann an Personen, Organisationseinheiten oder an automatische Verarbeitungsprozesse erfolgen – z. B. mithilfe elektronischer Postkörbe.
Hierbei ist festzuhalten, welche organisatorischen Maßnahmen (z. B. in Form von Arbeitsanweisungen) und/oder welche automatischen Weiterleitungsfunktionen (z. B. Workflow-Komponenten, E-Mail) verwendet werden.
Es ist eine geeignete Protokollierung zu gewährleisten.
Bei datenschutzrechtlich relevanten Informationen/ Dokumenten ist bei der Weiterleitung ggf. ein entsprechender Schutz durch Verschlüsselung vorzusehen.

7.2.16. Reproduktion

Die Verfahren für die Reproduktion eines Dokuments sind beschrieben.

Erläuterung

Bei Anzeige und Ausdruck von Dokumenten aus dem System muss die erforderliche Übereinstimmung mit dem Originaldokument (Papieroriginal oder originales digitales Dokument) gewährleistet sein. Je nach fachlicher oder rechtlicher Anforderung kann es sich dabei um inhaltliche Übereinstimmung oder aber die originalgetreue bildliche Wiedergabe handeln.

7.2.17. Löschen

Das Verfahren für das Löschen von Dokumenten ist beschrieben.

Erläuterung

Im Kontext einer revisionssicheren Archivierung ist ein Löschen grundsätzlich nicht erlaubt. Dennoch gibt es Erfordernisse (z. B. aus Datenschutzgründen), Dokumente zu löschen oder aus dem standardmäßigen Zugriff zu entfernen (logisches Löschen). Sie sind dann nur noch durch spezielle Berechtigungen aufrufbar.
Beispielsweise sieht die DSGVO ausdrücklich das Recht auf Löschen bei Zweckfortfall und der Widerruf einer erteilten Einwilligung vor, sofern die in der DSGVO genannten Anforderungen gegeben sind. Mit Ablauf der vorgeschriebenen Aufbewahrungsfristen ist ebenfalls ein Löschen vorgesehen. Es kann Abweichungen davon geben, wenn die Datenverarbeitung bzw. -speicherung zur Erfüllung einer Verpflichtung nach dem Recht der Union oder der Mitgliedstaaten zwingend notwendig ist.
Die Löschpflicht der DSGVO ist ausgeschlossen, wenn die Datenverarbeitung bzw. -speicherung zur Erfüllung einer Verpflichtung nach dem Recht der Union oder der Mitgliedstaaten zwingend notwendig ist. Darunter fallen beispielsweise die gesetzlich relevanten Aufbewahrungspflichten nach §147 AO oder §157 in Verbindung mit 238 HGB.
Es können im Einzelfall besondere rechtliche Anforderungen bestehen, dass eine zeitpunktbezogene physikalische Löschung der Primärdaten und Indexwerte nachgewiesen werden muss. Sofern gelöschte Dokumente auch nicht mehr auf Backup-Datenträgern vorhanden sein dürfen, sind die Backup-Prozesse entsprechend zu gestalten. Bei einer vollständigen physikalischen Löschung müssen ggf. auch Datenträger (unter Auslassung der zu löschenden Dokumente) umkopiert und danach physikalisch vernichtet werden.

Das Löschen von Dokumenten ist nachvollziehbar zu protokollieren. In vielen Fällen reicht es aus, die Löschung eines gesamten Bestandes als Einzelereignis zu protokollieren. Protokolle über die Löschung jedes einzelnen Dokuments im Bestand sind dann nicht mehr erforderlich.

7.3. Technische Systemlösung

Bei der Beschreibung der technischen Hardware- und Softwarekomponenten orientiert sich der Detaillierungsgrad an der Bedeutung der jeweiligen Komponente für die Lösung. Die für Funktions- und Ordnungsmäßigkeit wesentlichen Komponenten wie z. B. Archivserver werden im Detail dokumentiert und die Eignung in Bezug auf die fünf Kernkriterien ist dargestellt. Dagegen sind in vielen Fällen die genauen Ausstattungsdetails reiner Auskunftsarbeitsplätze zur Dokumentenrecherche nicht von Belang.

Die Bezeichnungen, Aufgaben, Interaktionen und Schnittstellen der verwendeten Hard- und Softwarekomponenten sowie Infrastrukturen sind dokumentiert.

7.3.1. Grafische Systemdarstellung

Die technische Systemlösung ist grafisch dargestellt.

> Erläuterung
>
> Diese Darstellung vermittelt ein übersichtliches Gesamtbild der einzelnen Systemkomponenten und ihres Zusammenhangs in der Lösung. Ziel dieses Kriteriums ist die Übersichtlichkeit, damit die beschriebenen Komponenten richtig eingeordnet und bewertet werden können.

7.3.2. Speichersysteme

Die Speichersysteme sind beschrieben, insbesondere im Hinblick auf Unveränderbarkeit und Verfügbarkeit der Dokumente / Daten.

> Erläuterung
>
> Es wird deutlich, in welcher Weise die verwendeten Speichersysteme diese Forderungen eigenständig oder in Abhängigkeit zu weiteren Komponenten erfüllen.

7.3.3. Erfassungssysteme

Die Erfassungssysteme sind beschrieben, insbesondere im Hinblick auf Vollständigkeit und Unveränderbarkeit der erfassten Dokumente und Daten.

Erläuterung

Erfassungssysteme sind z. B. Scanner, Barcode-Leser oder Multifunktionsgeräte in Verbindung mit z. B. Optical Character Recognition (OCR, Schrifterkennung) Software. Es ist dargestellt, wie Scanner-, Erfassungs- und Erkennungssoftware zusammenarbeiten, wie die Unveränderbarkeit der Dokumente in dieser Phase erreicht wird und wie die Übergabe an die Archivkomponente der Lösung erfolgt. Weiterhin muss deutlich werden wie Vollständigkeit und Ordnungsmäßigkeit bei der Erfassung gewährleistet werden.
Mit der Technischen Richtlinie TR-03138 „Ersetzendes Scannen (RESISCAN)" des BSI liegt eine umfassende Empfehlung für die organisatorische und technische Gestaltung des Erfassungsprozesses vor. Zumindest wenn die Vernichtung der Papieroriginale angestrebt wird, ist eine Orientierung an TR-03138 sinnvoll.
Sofern elektronische Dokumente und Daten übernommen werden, handelt es sich meist um höher automatisierte Importprozesse, die jedoch gleichermaßen den genannten Kriterien (Vollständigkeit, Unveränderbarkeit usw.) gerecht werden müssen.

7.3.4. Ausgabesysteme

Es ist dargestellt, dass die eingesetzten Ausgabesysteme bezogen auf die Aufgaben der Lösung zur Reproduktion geeignet sind.

Erläuterung

Standard-Ausgabegeräte sind Displays und Drucker. In manchen Fällen werden auch auf das jeweilige Einsatzgebiet spezialisierte Ausgabegeräte eingesetzt. Bei der Eignung der Geräte geht es vor allem um die Auflösung und die Darstellung von Farben oder speziellen Formaten, die eine inhaltliche und bildliche Übereinstimmung mit den Original-Dokumenten ermöglichen.

7.3.5. Virtualisierung

Die virtuelle Umgebung sowie die Anzahl und die Art der verwendeten virtuellen Maschinen sind beschrieben. Eine Zuordnung der Software zu virtuellen Servern, zu Hardware-Servern und zu den entsprechenden Standorten ist vorhanden.

Erläuterung

Zur Beurteilung der Komplexität und des notwendigen Know-hows ist die virtuelle Umgebung zu beschreiben. Die Beschreibung ist zudem wichtig, um zu wissen, welche Ressourcen von welcher Software in Anspruch genommen werden (so z. B. bei der Risikobewertung für Ausfälle). Somit gehören zur Beschreibung auch Aussagen über Maßnahmen zur Ausfallsicherheit (wie z. B. der Einsatz von Backup-Systemen). Diese Maßnahmen sollen hier nur erwähnt und im Kapitel „Informationssicherheit" genauer erläutert werden.

7.3.6. Server-Hardware

Die Server sind mit allen wesentlichen Komponenten beschrieben, so dass eine Zuordnung der Software zu bestimmten Servern und zu bestimmten Standorten möglich ist und eine Bewertung der Eignung erfolgen kann.

Erläuterung

Die für die Lösung relevanten Serverkomponenten (auch im Rahmen von virtuellen Umgebungen) sind darzustellen. Dies umfasst neben den Archivservern auch Maschinen, auf denen Datenbanken, Kommunikationssoftware usw. installiert sind.

7.3.7. Client-Hardware

Die eingesetzte Client-Hardware mit allen wesentlichen Komponenten ist beschrieben, so dass eine Zuordnung der Software zu bestimmten Arbeitsstationen und zu bestimmten Standorten möglich wird und eine Bewertung der Eignung erfolgen kann.

Erläuterung

Aktive Client-Hardwarekomponenten (z. B. zur Erfassung oder Indexierung) sind zu beschreiben. Passive Client-Hardwarekomponenten (Recherche-Arbeitsplätze) müssen nur insoweit detailliert werden, wie es funktional und sicherheitstechnisch aus der Dokumentenmanagement-Aufgabe erforderlich ist.

7.3.8. Server-Software

Die eingesetzten Server-Softwarekomponenten mit ihren Versionsständen sowie deren Anpassungen (Customizing) sind beschrieben.

Erläuterung

Das betrifft einerseits die Basis-Software wie Betriebssysteme, Applikationsserver oder Datenbanken, anderseits die speziellen serverseitigen Module der Lösung.
Zur Beschreibung der Funktionalität reicht bei Standardsoftware normalerweise die Dokumentation des Herstellers aus (Datenblätter, Benutzerhandbücher usw.). Die eingesetzten

Versionen sind festzuhalten und individuelle Anpassungen per Customizing sind zu beschreiben.

7.3.9. Client-Software

Die eingesetzten Client-Softwarekomponenten sowie deren Anpassungen (Customizing) sind beschrieben. Die Benutzeroberflächen für die Eingabe und Ausgabe der Daten sind beschrieben.

Erläuterung

Dies betrifft einerseits die Basis-Software (z. B. Betriebssysteme), anderseits die speziellen clientseitigen Module der Lösung.
Zur Beschreibung der Funktionalität reicht bei Standardsoftware normalerweise die Dokumentation des Herstellers aus (Datenblätter, Benutzerhandbücher usw.). Die eingesetzten Versionen sind festzuhalten und individuelle Anpassungen per Customizing sind zu beschreiben.
Wenn Benutzeroberflächen individuell angepasst/erweitert wurden, so sind diese gesondert aufzuführen.

7.3.10. Spezialfall: Individualsoftware

Die eingesetzten individuellen Software-Komponenten sind vollständig beschrieben. Die Verantwortlichkeiten und die Prozesse für Change-, Test- und Release-Management sind beschrieben.

Erläuterung

Hierbei geht es um die Funktionalität der individuellen, über den Standard hinaus eingesetzten, eigens entwickelten Komponenten. Dabei müssen die Aufgabenstellung und technische Realisierung der jeweiligen Komponente nachvollziehbar sein. Dies betrifft sowohl die server- als auch die clientseitigen Komponenten der Lösung.

Wichtig sind sowohl Integrations- als auch Sicherheitsaspekte. Support und Fehlerbehebungsmaßnahmen sind zu beschreiben. Außerdem ist darzustellen, wie die langfristige und personenunabhängige Weiterentwicklung erfolgt.

7.3.11. Schnittstellen

Die Schnittstellen zu eingebundenen und angrenzenden Systemen sind beschrieben.

Erläuterung

Schnittstellen bilden ein wesentliches Qualitäts- und Sicherheitsmerkmal innerhalb einer Lösung. Hierfür ist eine detaillierte und vollständige Beschreibung erforderlich. Es empfiehlt sich die Ergänzung durch eine grafische Darstellung, die insbesondere den Zusammenhang zwischen den verschiedenen Systemen klar aufzeigt.

7.3.12. Beschreibung der Netzwerk-Architektur

Infrastruktur und Auslegung des physikalischen und ggf. virtuellen Netzwerks, in dem die Lösung betrieben wird, sind beschrieben.

Erläuterung

Die Netzwerkkomponenten (Hard- und Software) bilden ein wesentliches Qualitätsmerkmal für die Sicherheit und die Performance einer Lösung. Bei komplexen Netzwerken orientiert sich der Detaillierungsgrad der Beschreibung an der Bedeutung der jeweiligen Teile des Netzes für die Lösung. Die Netzwerkarchitektur kann gegebenenfalls auch in grafischer Form veranschaulicht sein. Vor dem Hintergrund der Sicherheit der Dokumente und deren Verfügbarkeit liegt das Hauptaugenmerk auch auf Remotezugriffe auf das Netzwerk.

7.3.13. Cloud-Management

Eingesetzte Public-, Hybrid- oder Multi Cloud-Infrastrukturen sind beschrieben.

> Erläuterung
>
> Die sichere technische Anbindung der Public Cloud an das lokale Netzwerk des Anwenderunternehmens (z. B. per dedizierter Leitung oder VPN) muss deutlich werden. Es empfiehlt sich, ein Strukturplan für sein „virtuelles Netzwerk innerhalb der Public Cloud“ zu erstellen; dies umfasst u.a. die Darstellung von Subnetzen, Verzeichnisdiensten, Sicherheitsstrukturen sowie eingesetzten Ressourcen.
> Falls im Hybrid- oder Multi Cloud-Betrieb unterschiedliche Servicemodelle (IaaS, PaaS oder SaaS usw.) und/oder mehrere Cloud-Anbieter zum Einsatz kommen, gehören sie zum Beschreibungsumfang.

7.3.14. Elektronische Signaturen, Siegel und Zeitstempel

Die verwendeten Signatur-, Siegel- und Zeitstempeltechnologien und deren zugehörigen Komponenten sind beschrieben.

> Erläuterung
>
> Solche Komponenten sind z. B.: Kartenleser, Signaturkarten, Zertifikate, Software zur Signaturerstellung und Signaturprüfung auf der Grundlage bestehender Rechtsprechung (National und EU)

7.4. Informationssicherheit

Zur Informationssicherheit sind insbesondere ein geeignetes Informationssicherheitskonzept sowie Pläne zur Datensicherheit und zum Datenschutz gefordert. Dabei wird davon ausgegangen, dass in der Organisation, die die Lösung betreibt, ein allgemeines Informationssicherheitskonzept besteht und wahrgenommen wird (andernfalls ist anlässlich der Einführung ein solches Sicherheitskonzept zu etablieren). Die hier genannten Prüfkriterien betreffen daher nur die Punkte, die nicht bereits durch dieses allgemeine Sicherheitskonzept abgedeckt sind.

7.4.1. Allgemeines Informationssicherheitskonzept

Ein allgemeines Informationssicherheitskonzept ist vorhanden und beschrieben.

> Erläuterung
>
> Hierin sind alle Maßnahmen aufzuführen, um betriebswirtschaftliche und personenbezogene Daten angemessen gegen Missbrauch, Veränderung und Verlust zu schützen. Dies umfasst u.a. eine hinreichende Risikoanalyse der Lösung sowie die Regeln und Maßnahmen, die festlegen, wie sensitive Betriebsmittel und Informationen geschützt werden.

7.4.2. Spezifische Anforderungen an das Informationssicherheitskonzept

Der Schutzbedarf und die spezifischen Risiken für den Betrieb der Lösung sind identifiziert, angemessene Maßnahmen sind ergriffen und beschrieben.

Erläuterung

Hier wird detaillierter auf die für die Lösung relevanten Risiken und Maßnahmen eingegangen. Der Schutzbedarf der einzelnen Komponenten ergibt sich aus ihrer Schutzwürdigkeit und einer entsprechenden Analyse. Auf dieser Basis werden die angemessenen organisatorischen und technischen Maßnahmen beschrieben. Insbesondere sind die für die Absicherung, Funktionsfähigkeit und Ordnungsmäßigkeit relevanten Komponenten (z. B. Netzwerk, Dokumentenserver, Datenbankserver und Speichersysteme) zu berücksichtigen.

7.4.3. Backup-Konzept

Ein Backup-Konzept ist vorhanden und beschrieben. Die regelmäßige Überprüfung der Restore-Fähigkeit ist sichergestellt.

Erläuterung

Dieses Konzept stellt sicher, dass unter allen Umständen alle Daten und Dokumente der Lösung wiederhergestellt werden können. Das Konzept ist im Rahmen von Tests regelmäßig zu prüfen und gegebenenfalls anzupassen.

7.4.4. Benutzerverwaltung und Berechtigungskonzept

Die Benutzerverwaltung ist inklusive des Rollenkonzepts und der Zugriffsrechte beschrieben. Darüber hinaus gibt es ein den rechtlichen und internen Anforderungen angepasstes Berechtigungskonzept.

Erläuterung

Die Einführung einer Lösung erfordert in der Regel spezifische Schutzmaßnahmen zum Daten- und Zugriffschutz. Insbesondere die Unterschiede zur allgemeinen IT-Benutzerverwaltung sind zu dokumentieren.

7.4.5. Zutrittskontrollen

Die zum Schutz der Lösung benötigten Maßnahmen zur Zutrittskontrolle sind beschrieben.

Erläuterung

Der Zutrittsschutz zielt auf die physikalische Sicherung der informations-verarbeitenden Anlagen in Räumen, Gebäuden oder Arealen ab. Gemeint sind z.B. die Einrichtung von Schließsystemen, die den Zutritt über Schlüssel, RFID-/Magnetkarten oder biometrische Merkmale steuern, oder auch Personenvereinzelungsanlagen (Schleusen). In der Regel werden Lösungen im Rahmen der IT-Infrastruktur und Serversysteme betrieben. Es ist jedoch zu prüfen, ob die konkrete Ausprägung der Lösung – z. B. bei der Verarbeitung von personenbezogenen oder vertraulichen Informationen – besondere Anforderungen an die Zutrittskontrolle aufwirft.

7.4.6. Zugangs- und Zugriffskontrollen

Spezielle Maßnahmen des Zugangs- und Zugriffschutzes der Lösung sind beschrieben.

Erläuterung

Die Zugangskontrolle meint die Authentifizierung am System mit Benutzerkennung und Legitimation (z. B. Passwort oder Zweifaktor-Authentisierung).
Die Zugriffskontrolle betrifft die Möglichkeiten zur Eingabe, zum Lesen, zur Änderung und zum Löschen der Informationen entsprechend dem Berechtigungskonzept.
Fernzugriff und Fernwartung sind ebenfalls zu berücksichtigen. Zu dokumentieren sind insbesondere die Maßnahmen, die nicht schon im Informationssicherheitskonzept beschrieben sind.

7.4.7. Transaktions-, Integritäts- und Konsistenzsicherung

Die Transaktions-, Integritäts- und Konsistenzsicherung in der Lösung sind gewährleistet und die dazugehörenden Maßnahmen sind beschrieben.

Erläuterung

Die Mechanismen und Konzepte für die Transaktions-, Integritäts- und Konsistenzsicherung sind beschrieben (z. B. bei der Scan-Erfassung oder Massenimport). Die Mechanismen stellen sicher, dass keine Dokumente verloren gehen, doppelt abgelegt oder unberechtigt verändert werden und dass der korrekte Zusammenhang der Dokumente jederzeit gewahrt bleibt.
Wenn eine Komponente (z.B. OCR) den Output einer vorherigen Komponente (z. B. Scanlösung) als Input verwendet, wäre die Vollständigkeit über alle Dokumente sicher zu stellen (z.B. Übergabeprotokolle, Fehlerbehandlung)
Es ist darauf zu achten, dass insbesondere auch die gegebenenfalls erforderlichen, organisatorischen Maßnahmen in den Prozessen beschrieben sind.

7.4.8. Protokollierung

Alle sicherheitsrelevanten Zugriffe, Vorgänge bzw. Transaktionen der Lösung werden protokolliert. Die Nachweisbarkeit der relevanten Vorgänge im System ist über einen angemessenen Zeitraum zu gewährleisten.

Erläuterung

Die erforderliche Tiefe der Protokollierung hängt vom Einsatzgebiet ab. So muss in manchen sicherheitssensiblen Anwendungen jeder einzelne Schreib- und Lesezugriff oder Zugriffe und Aktionen von Administratoren protokolliert werden. Zu beachten ist jedoch immer die Auswertung von protokollierten Daten mit Blick auf Datenschutz und gesetzliche Vorgaben (z.B. Leistungsanalysen von Mitarbeitern). Die Parametrierung der Systemprotokollierung ist begründet und beschrieben.

7.4.9. Ausfallsicherheit

Die Maßnahmen zur Ausfallsicherheit sind beschrieben. Die Maßnahmen sind geeignet, die geforderte Systemverfügbarkeit auch im Notfall zu gewährleisten.

Erläuterung

Es ist insbesondere darzustellen, dass die getroffenen technischen und organisatorischen Maßnahmen den Anforderungen des Einsatzzwecks der Lösung entsprechen.
Beispiele für Maßnahmen zur Ausfallsicherheit: Cluster-Systeme, Cold-Standby, USVs, dezentrale Datensicherung usw.
Ein Geschäftsfortführungsplan solle vorhanden sein und beinhaltet bspw. Notfallpläne, Wiederanlaufpläne und Lieferantenvereinbarungen.

7.4.10. Datenschutz und Kontrollmaßnahmen

Die Einhaltung des Datenschutzes sowie deren Umsetzung und Kontrollmaßnahmen sind beschrieben.

Erläuterung

Allen Daten in der Lösung, die einen Rückschluss auf natürliche Personen zulassen, ist besondere Aufmerksamkeit zu schenken. Zu beachten sind neben den aktuellen Datenschutzgesetzen außerdem je nach Anwendung auch andere Vorschriften, wie z. B. Arbeitnehmerdatenschutz auf Basis des Betriebsverfassungsrechts.

Die notwendigen Kontrollmaßnahmen ergeben sich aus den Datenschutzbestimmungen und sind in der Regel bereits im allgemeinen IT-Sicherheitskonzept, Datenschutzkonzept oder bei Zugriffschutz berücksichtigt. So regelt beispielsweise die DSGVO mit dem gleichzeitig zum 25.05.2018 in Kraft getretenen BDSG-neu alle Maßnahmen zum Schutz von persönlichen Daten. Hier sind daher nur die zusätzlichen Aspekte angesprochen, die sich aus dem Betrieb der Lösung ergeben. So sind beispielsweise bei Einschaltung externer Dienstleister oder Auftragsdatenverarbeitung durch Dritte ein Abschluss von entsprechenden Verträgen zur Auftragsdatenverarbeitung bzw. Maßnahmen zur Auftragskontrolle erforderlich.
Je nach Anwendungsfall kann ein zertifizierter Nachweis, wie z. B. gemäß DSGVO (Europäisches Datenschutzsiegel – Art. 42 Zertifizierungen), sinnvoll sein. Eine Orientierung zu möglichen Zertifizierungen bietet z. B. die Datenschutzkonferenz – DSK.

7.5. Technischer Betrieb

In diesem Abschnitt werden die allgemeinen infrastrukturellen und organisatorischen Voraussetzungen für einen geordneten Betrieb der Lösung betrachtet. Der technische Betrieb unterteilt sich dabei in organisatorische Rahmenbedingungen, Betriebsprozesse im Standardbetrieb und Betriebsprozesse in Notfallszenarien.

Während im Standardbetrieb die Handhabung des Systems sowie dessen Überwachung im Vordergrund stehen, ist durch die definierten Notfallszenarien die schnelle Wiederherstellung von System und Dokumenten ohne Datenverlust zu gewährleisten.

Um die definierte Verfügbarkeit der Lösung sicherzustellen, bedarf es vorbeugender Wartungsmaßnahmen an Hardware und Software, die die Hardware-Komponenten betriebsbereit und die Software in einem aktuellen Zustand halten. Der Wartungsplan beschreibt den Zeitpunkt sowie die Maßnahmen der internen Stellen und der externen Service-Dienstleister.

Für den Umgang mit Notfallszenarien werden geeignete Pläne zur effizienten Störungsbehebung benötigt.

7.5.1. Zuständigkeiten

Die Zuständigkeiten im Zusammenhang mit dem Betrieb der Lösung sind geregelt und dokumentiert. Für die mit dem Betrieb befassten Personen existieren Arbeitsanweisungen.

> Erläuterung
>
> Die Dokumentation der Zuständigkeiten erfolgt z. B. durch Organigramme und Rollenbeschreibungen im Bereich der IT. Dabei ist darzulegen, welche Rolle welche Verantwortung trägt, wobei an dieser Stelle alle internen und externen Personen und Organisationseinheiten interessieren, die den Betrieb der Lösung tangieren. Es liegen Arbeitsanweisungen

für den Standardbetrieb der Lösung und für Notfallszenarien vor.

7.5.2. Bauliche Voraussetzungen

Die baulichen Voraussetzungen für den Betrieb der Lösung sind gegeben.

Erläuterung

Die Räumlichkeiten des Anwendungsunternehmens (inkl. involvierter Serviceprovider bzw. Outsourcer) erfüllen die baulichen Voraussetzungen für die Erfüllung der weiteren Kriterien dieses Abschnitts. Gemeint sind damit z. B. Zutrittskontrollen, klimatisierte Serverräume, Brandschutzmaßnahmen und die Aufbewahrung von Backup-Datenträgern an einem räumlich getrennten Ort.

7.5.3. Betriebsbedingungen Hardware

Die Betriebsbedingungen für die Hardware sind eingehalten.

Erläuterung

Die Betriebsbedingungen ergeben sich aus den Herstellerangaben der Hardware-Komponenten. Hierzu gehören beispielsweise die Klimatisierung von Server-Räumen und die regelmäßige Reinigung von Scannern. Es ist dokumentiert, dass die Betriebsbedingungen auf Dauer eingehalten werden.

7.5.4. Betriebsbedingungen Software

Die Betriebsbedingungen für die Software sind eingehalten.

Erläuterung

Die Betriebsbedingungen (wie z. B. Verwendung freigegebener Betriebssysteme) ergeben sich aus den Herstellerangaben der Software-Komponenten. Diese Aspekte können in der Systemdokumentation beschrieben werden.

7.5.5. Datensicherung

Es existiert ein übergreifendes und schlüssiges Datensicherungskonzept. Die Umsetzung ist sichergestellt und wird überwacht.

Erläuterung

Das Datensicherungskonzept selbst und die Beschreibung seiner Inhalte ist Bestandteil der Informationssicherheit für alle im Unternehmen vorhandenen, im Verbund stehenden IT-Systeme. An dieser Stelle ist die Umsetzung des Konzeptes im Tagesbetrieb durch definierte Rollen bzw. Personen zu dokumentieren.

7.5.6. Umgang mit Speichermedien

Es existiert ein schlüssiges Konzept für den Umgang mit und für die Vernichtung von Speichermedien. Die Umsetzung ist sichergestellt und wird überwacht.

Erläuterung

Unabhängig davon, welche Arten von Speichermedien verwendet werden, sind Regeln für die Handhabung der Datenträger im täglichen Betrieb durch Arbeitsanweisung oder Schulung bekannt gemacht. Aus Sicherheitsgründen angefertigte Kopien werden an einem sicheren Ort ausgelagert. Die Entsorgung von nicht mehr benötigten Speichermedien ist ebenfalls per Arbeitsanweisung geregelt. Dabei sind insbesondere Forderungen des Datenschutzes einzuhalten.

7.5.7. Überwachung des ordnungsgemäßen Betriebes

Der Standardbetrieb wird auf Ordnungsmäßigkeit überwacht.

> Erläuterung
>
> Es ist geregelt, dass eine definierte Rolle (repräsentiert durch eine Person oder einen Personenkreis) den Betrieb des Systems gemäß den Empfehlungen des Herstellers bzw. des Systemintegrators überwacht.
> Hierzu gehören die regelmäßige Kontrolle aller Log-/Journaldateien und Monitoring-Daten, unabhängig von den System- bzw. Komponentenstandorten, insbesondere auch unter Einsatz von Cloud Szenarien.

7.5.8. Verantwortung für Wartung und Störungsbehebung

Die Verantwortung für Wartung und Störungsbehebung ist beschrieben und der Aufgabenbereich ist festgelegt.

> Erläuterung
>
> Je nach Betriebsgröße und Anwendung wird diese Verantwortung von IT-Betrieb, IT-Entwicklung oder externem Dienstleister wahrgenommen werden. Hierzu zählen alle Aktivitäten des 1st-, 2nd- und 3rd Level-Supports, aber auch die Verwaltung von Dokumentation, Service-Abkommen, Service Levels Agreements (SLAs), Erstellung und Abstimmung von Maßnahmenplänen für Wartung und Störungsbehebung mit Hersteller und Service-Organisationen, Eskalation der Wartungsprozesse im Bedarfsfall, Überwachung von Erfolg der Wartung und Störungsbehebung sowie sonstige Regelungen.

7.5.9. Präventive Wartung

Pläne für präventive Wartung von Hardware sind vorhanden und werden ausgeführt.

Erläuterung

In den präventiven Wartungsplänen sind die Richtlinien der Hersteller eingearbeitet. Eine typische präventive Wartungsaktivität ist die Reinigung von Scanner-Rollen.
Die Wartungspläne sind mit den externen Service-Organisationen und Integratoren abgestimmt. Die Beauftragten der Fachabteilungen sind entsprechend der Wartungsaufgabe geschult. Der Erfolg der Wartungsmaßnahmen wird kontrolliert. Weiterführende, sichernde Wartungsmaßnahmen durch externe Service-Organisationen sind im Wartungsvertrag beschrieben und in den Wartungsplan integriert

7.5.10. Dokumentation der Wartungsprozesse

Die Dokumentation der Wartungsprozesse ist geregelt und wird zeitnah sowie vollständig sichergestellt.

Erläuterung

Die Dokumentation der Durchführung der einzelnen Wartungsmaßnahmen umfasst Serviceberichte, Protokolle usw.

7.5.11. Störungsbehebung

Es existiert ein Maßnahmenplan zur Störungsmeldung und -behebung. Die Maßnahmen sind geeignet, die geforderte Verfügbarkeit des Systems sicherzustellen.

Erläuterung

Die Verantwortlichen für Fehlerlokalisierung sind benannt und ein Eskalationsprozess ist definiert. Ansprechpartner der Service-Provider sowie vereinbarte Service-Level bzw. Reaktionszeiten sind festgelegt. Ein Ablaufplan für Maßnahmen zu Restart und Recovery ist definiert.

7.5.12. Restart

Für den Restart existieren Zuständigkeiten und Arbeitsanweisungen.

> Erläuterung
>
> Unter Restart wird der Wiederanlauf des Systems nach einer Betriebsstörung verstanden. Für die Tätigkeiten eines System-Restarts ist eine verantwortliche Rolle definiert und es liegt eine Arbeitsanweisung mit entsprechenden Prozeduren vor.

7.5.13. Recovery

Für das Recovery, das Verfahren zu Wiederherstellung gesicherter Daten, existieren Zuständigkeiten und Arbeitsanweisungen.

> Erläuterung
>
> Bei einem Recovery muss – im Gegensatz zum Restart – die Integrität des Gesamtsystems wiederhergestellt werden. Das Verfahren ist im Detail zu beschreiben.
> Für die Tätigkeiten eines Recoverys des Systems ist eine verantwortliche Rolle definiert; zudem liegen Arbeitsanweisungen mit entsprechenden Prozeduren bzw. ein Notfallplan vor.

7.5.14. Aktualisierung der Hardware

Das Verfahren für die Aktualisierung der Hardware ist definiert und deren Durchführung wird dokumentiert.

> Erläuterung
>
> Im Falle der Aktualisierung oder Veränderung der Hardware ist ein mit dem System- bzw. Hardware-Hersteller abgestimmtes Verfahren definiert. Es ist sicherzustellen, dass auf Seiten des Betreibers ein Verantwortlicher für den Hardware-

austausch und eine geeignete Testprozedur (inkl. Dokumentation) für das aktualisierte System festgelegt wird.

7.5.15. Aktualisierung der Software

Das Verfahren für die Aktualisierung der Software ist definiert und deren Durchführung wird dokumentiert.

Erläuterung

Das Verfahren ist nachvollziehbar darzustellen, insbesondere konkrete Verantwortlichkeiten und die Überprüfung durch Tests sowie deren Dokumentation.

7.6. Langzeitverfügbarkeit und Migration

Fortschritt (z.B. Technologiewandel) sowie Veränderungen im Rechtswesen und den Organisationsstrukturen können die Faktoren ändern, die eine Langzeitverfügbarkeit bestimmen. Es muss demnach einen geplanten, nachvollziehbaren und dynamischen Prozess geben, mittels dem Langzeitverfügbarkeit fortlaufend erhalten wird.

Migration ist ein Teil der Langzeitverfügbarkeit und umfasst die Veränderungen, welche einen Überführungsprozess der elektronischen Dokumente und Daten erfordern (z.B. Wechsel des Systemherstellers, Wechsel der Speicherformate oder der Speicherlösung).

Dabei kann es sich um einfache Sachverhalte, wie das schlichte „Umkopieren" von elektronischen Dokumentenbeständen inklusive der Metadaten handeln, bis hin zu komplexen Sachverhalten, bei denen sich die Dokumentenformate und Metastrukturen ändern.

Ein geeignetes Verfahren zur Langzeitverfügbarkeit umfasst u.a. ein Migrationskonzept und stellt sicher, dass sowohl Inhalte als auch rechtlich erforderliche Eigenschaften der elektronischen Dokumente und Daten erhalten bleiben sowie Manipulationen ausgeschlossen werden. Ferner ist zu beachten, dass dieses Verfahren fortlaufend auf Aktualität überprüft und ggf. angepasst wird.

Wesentlich ist, dass das Migrationskonzept mit den zugehörigen Prozessen in einer Migrationsdokumentation beschrieben ist.

Beinhaltet ein Migrationskonzept auch ein Cloud-Modell, so ist zu beachten, dass Daten und Dokumente den eigenen Rechtsraum (z.B. EU) verlassen können und somit rechtliche Fragen über die Haftung aufkommen.

7.6.1. Konzept zur Langzeitverfügbarkeit

Es gibt ein Konzept für die Langzeitverfügbarkeit von Dokumenten und deren dazugehörenden Daten. Eine Beschreibung der Fähigkeit der Langzeitverfügbarkeit gewählter Datenformate, Speichermedien sowie der eingesetzten Hard- und Software ist Bestandteil des Konzepts.

> Erläuterung
>
> Langzeitverfügbarkeit wird sowohl durch die Wahl geeigneter Datenformate (z. B. PDF/A) als auch der Systemkomponenten (z. B. Speichermedien unter Verwendung marktgängiger Standards) gewährleistet. Hinzu kommen die Verfahren für die Speicherung der Metadaten, Versionen, Annotationen, Zugriffsrechte, Historie, Protokolle usw. Häufig wird das Fachkonzept zur Langzeitverfügbarkeit durch Dokumente von Herstellern der Systemkomponenten (z. B. Speichermedien) ergänzt bzw. im Wesentlichen getragen.

7.6.2. Migrationskonzept

Es gibt ein Migrationskonzept für Dokumente und deren dazugehörenden Daten. Eine Beschreibung der für die Migration verwendeten Schnittstellen sowie der Konvertierungsfähigkeit der Dokumenten- und Datenformate ist Bestandteil des Migrationskonzeptes.

> Erläuterung
>
> Es sind die für eine spätere Migration der Dokumente und Daten relevanten Aspekte zu beschreiben. Dabei sind sowohl technische als auch organisatorische Maßnahmen zu berücksichtigen. Zu den organisatorischen Aspekten zählen Fragestellungen wie die Trennbarkeit von Datenbeständen (z. B. durch Verkauf von Unternehmensteilen, Mandantenverwal-

tung usw.). Bei den technischen Aspekten muss insbesondere auf die Migrationsfähigkeit der aktuellen Lösung geachtet werden.

7.6.3. Kontrolle

Die regelmäßige Kontrolle der Langzeitverfügbarkeit und Migrationsfähigkeit ist angemessen und nachvollziehbar geregelt.

Erläuterung

Eine der Aufgabenstellung angemessene, regelmäßige Überwachung stellt sicher, dass die Langzeitverfügbarkeit und die Migrationsfähigkeit weiterhin gewährleistet sind. Dies schließt auch die Überwachung des technologischen Fortschritts ein.
Die Unversehrtheit der Dokumente und Daten ist über die gesamte Aufbewahrungszeit zu gewährleisten. Jede Migration umfasst das Risiko, dass die Unversehrtheit zerstört wird (z. B. durch Datenverluste, Manipulation). Eine der Aufgabenstellung angemessene und validierte Dokumentation von Überwachungsmaßnahmen und Tests sichert die Vertrauenswürdigkeit und Beweisqualität.

7.6.4. Durchführung einer Migration

Die Durchführung einer Migration ist inklusive der Protokollierungen zu dokumentieren.

Erläuterung

Im Rahmen einer Migration wird eine Anwendung durch eine neue ersetzt. Dabei ist es das Ziel, alle Dokumente und Daten (z. B. Metadaten, Annotationen) in der neuen Anwendung bereitzustellen und die jederzeitige Nachvollziehbarkeit und Vollständigkeit zu dokumentieren.

7.7. Qualifikation der Beschäftigten

Der Betreiber stellt sicher, dass alle mit dem Systembetrieb befassten Beschäftigten über die notwendigen Kenntnisse und Fertigkeiten verfügen. Dazu sind die Rollen für die Systembenutzung und Systemadministration definiert. Zu jeder Rolle sind die entsprechenden Tätigkeiten und die daraus resultierenden Anforderungen an den Kenntnisstand beschrieben. Die Kenntnisse der Beschäftigten werden dazu in Beziehung gesetzt und in geeigneter Weise dokumentiert.

Zu den Beschäftigten zählen neben eigenen betriebsinternen Angestellten auch alle externen Personen, die unmittelbar mit der Verarbeitung von Daten betraut sind, unabhängig davon, ob diese in eignen Betriebsstätten oder bei Dienstleistern bzw. Partnern vor Ort tätig sind.

7.7.1. Rollen

Die Rollen für die Systembenutzung und Systemadministration sind definiert.

> Erläuterung
>
> Typische Rollen sind u.a. Anwender, Systemadministratoren, weitere Mitarbeiter des IT-Betriebs und ggf. externe Dienstleister (z. B. für Scannen).

7.7.2. Erforderliche Kenntnisse

Zu jeder genannten Rolle sind die erforderlichen Kenntnisse definiert.

> Erläuterung
>
> Erforderliche Kenntnisse sind in der Regel:

- Fachliche Kenntnisse aus dem Anwendungsfeld, z. B. Kenntnis der relevanten Buchungskreise für eine fachlich korrekte Indexierung
- IT-Grundkenntnisse, die zur Nutzung der Lösung erforderlich sind, z. B. „allgemeine Anwendungskenntnisse" für fachliche Anwender oder „Netzwerkadministration" für Systemadministratoren
- Kenntnisse der eingesetzten Produkte, z. B. Administrationskenntnisse im Umfang einer bestimmten Schulung des Herstellers
- Installations- und anwendungsspezifische Kenntnisse, z. B. Kenntnis der verschiedenen Indexfelder und ihrer Bedeutung
- Regeln und Richtlinien für den ordnungsmäßigen Systembetrieb, soweit sie spezielle Rollen betreffen.

7.7.3. Verantwortlichkeiten

Der Betreiber hat einen oder mehrere Verantwortliche für die Mitarbeiterqualifizierung benannt.

Erläuterung

Das können je nach Organisation verschiedene Personen sein; z. B. kann die IT-Leitung für die Qualifizierung der Systemadministratoren zuständig sein, während die Verantwortung für die Qualifizierung der Systemnutzer in den einzelnen Fachabteilungen liegt.

7.7.4. Qualifizierungsmaßnahmen

Die Verantwortlichen prüfen, initiieren und dokumentieren die konkreten Maßnahmen der Mitarbeiterqualifizierung.

Erläuterung

Die erforderlichen Maßnahmen ergeben sich aus den Anforderungen der Rollen einerseits und den vorhandenen Qualifikationen der Mitarbeiter (Rolleninhaber) andererseits. Mögliche Maßnahmen sind z. B. Einweisung durch den Systemintegrator, Schulung beim Systemintegrator oder Hersteller, Inhouse-Schulung, „Training on the Job“, Webcast, Lehrvideos usw.
Dabei ist es wichtig, jeweils aktuelle Themen im Rahmen seiner Rolle abdecken zu können (Weiterqualifizierung).

7.7.5. Dokumentation der Qualifikationen und Maßnahmen

Die vorhandenen Qualifikationen der einzelnen Personen und die Qualifizierungsmaßnahmen sind in geeigneter Weise dokumentiert.

7.8. Tests

Fachgerechte und nachvollziehbare Tests der Systemlösung sind von zentraler Bedeutung um sicherzustellen, dass die Kernkriterien Ordnungsmäßigkeit, Vollständigkeit, Nachvollziehbarkeit, Unveränderbarkeit, Verfügbarkeit und Vertraulichkeit erfüllt werden. Die Tests und deren Dokumentation umfassen alle Systeme und Prozesse der zu betrachtenden Lösung.

7.8.1. Testkonzept

Es liegt ein vollständiges und konsistentes Testkonzept vor.

> Erläuterung
>
> Das Testkonzept dient dem Nachweis, dass das technische System und die organisatorischen Abläufe die Kernkriterien Ordnungsmäßigkeit, Vollständigkeit, Nachvollziehbarkeit, Unveränderbarkeit und Verfügbarkeit erfüllen. Es beschreibt insbesondere die jeweiligen Testarten ggf. Testebenen, angewendete Testmethoden und eingesetzte Test-Tools, die Organisation von Tests (Vorgaben, Durchführung, Infrastrukturen usw.) sowie die verwendeten Testmaterialien.

7.8.2. Testpläne und Testvorgaben

Tests sind geplant und gemäß Testkonzept ausgelegt. Das gewünschte Ergebnis ist definiert.

> Erläuterung
>
> Die Testpläne sind aus dem Testkonzept abgeleitet, steuern die Reihenfolge der Testläufe sowie den konkreten Einsatz der Testressourcen. Die Testvorgaben umfassen die gesamten Prozesse unter Berücksichtigung aller Hard- und Software-Komponenten

7.8.3. Testprotokolle

Die Tests und Testergebnisse sind durch Protokolle belegt, die durch die Verantwortlichen abzuzeichnen sind.

Erläuterung

Die Testprotokolle belegen schriftlich die ordnungsgemäße Durchführung der in den zugehörigen Testplänen vorgegebenen Testfälle, die erwarteten und die tatsächlichen Ergebnisse und bei Abweichungen die gegebenenfalls erforderlichen Maßnahmen, deren Verfolgung sowie die Kontrolle der Umsetzung.

7.9. Outsourcing

Outsourcing ist mittlerweile gängige Praxis beim Auf- und Ausbau von Lösungen. Die Outsourcing-Möglichkeiten reichen dabei von der Auslagerung einzelner Funktionen (z.B. Scannen), einzelner Prozessteile (z.B. Rechnungsvorprüfung), der Nutzung von Softwarekomponenten (z.B. als „Software as a Service") oder Cloud-Diensten (Auslagerung von Software, Infrastruktur und Plattform), bis zum vollständigen Fremdbetrieb bei einem Dienstleister (vollständige Erbringung der Prozessschritte, inklusive Auslagerung von Software, Infrastruktur und Plattform).

In allen Fällen ist zu beachten, dass die Organisation, welche die Lösung innerbetrieblich nutzt, im rechtlichen Sinn stets der verantwortliche „Betreiber" der Lösung bleibt, unabhängig davon, wer die einzelnen Leistungen oder Komponenten tatsächlich erbringt bzw. zur Verfügung stellt. Davon entbinden ihn auch keine vertraglichen Regelungen mit Dritten.

Von daher müssen auch alle anwendbaren Prüfkriterien der PK-DML für die ausgelagerten Bereiche eingehalten werden.

7.9.1. Leistungen und Verantwortlichkeiten

Die Leistungen und die Verantwortlichkeiten der eingeschalteten Dienstleister und / oder Cloud-Anbieter sind eindeutig definiert und beschrieben.

Erläuterung

Es muss genau erkennbar sein, wie die Aufgaben und Verantwortlichkeiten zwischen der beauftragenden Organisation und den eingeschalteten Dienstleistern aufgeteilt sind und in welcher Art und Weise die Erfüllung der Kernkriterien der PK-DML sichergestellt ist. Dies kann z. B. aus den betreffenden Dienstleistungs- und Serviceverträgen hervorgehen.

Diese müssen entsprechend den gesetzlichen Vorgaben ausgestaltet sein, z. B. durch gesicherte Service-Level-Agreements (SLAs).
Die beauftragende Organisation muss insbesondere vorgeben und definieren, welche Leistungen die Dienstleister und/oder Cloud-Anbieter bezüglich des IKS und der Verfahrensdokumentation zu erbringen haben.

7.9.2. Verfahrensdokumentation

Es liegt eine Verfahrensdokumentation vor, die den Gesamtprozess inklusive aller im Outsourcing betriebenen Bestandteile beschreibt.

Erläuterung

Die ordnungsmäßige Verfahrensdokumentation bleibt auch bei allen nicht in eigener Regie betriebenen Bestandteilen in der Verantwortung des Auftraggebers. In der Praxis werden oft Teile der Dokumentation durch die in den betreffenden Prozess involvierten Dienstleister und Cloud-Anbieter erstellt und zur Verfügung gestellt. Der Auftraggeber muss darauf achten, dass die von Dienstleistern beigesteuerten Dokumentationsteile für Dritte nachvollziehbar und verständlich beschrieben sind und regelmäßig sowie bei Veränderungen aktualisiert werden. Er muss deshalb mit den Dienstleistern entsprechende Vorgaben und Dokumentationsrichtlinien abstimmen beziehungsweise deren Vorgaben und Richtlinien in seiner Verfahrensdokumentation berücksichtigen.

7.9.3. Schnittstellen

Die organisatorischen und technischen Schnittstellen sind aufgeführt und beschrieben.

Erläuterung

Die vollständige Beschreibung der Schnittstellen ist ein wesentliches Element für die Rechts- und Revisionssicherheit der Lösung.
Sie ist eine Grundvoraussetzung für den reibungslosen und sicheren Austausch zwischen dem Betreiber und dem Dienstleister.
Zu organisatorischen Schnittstellen gehören zum Beispiel Ansprechpartner und Kontaktdaten des Outsourcing-Dienstleisters.
Bei den technischen Schnittstellen ist ggf. darauf zu achten, dass es nicht nur die direkten Schnittstellen der Systemlösung geben kann, sondern auch Schnittstellen die zusätzlich von Dritten beigestellt werden.

7.9.4. Kontrolle

Die regelmäßige Überprüfung der Leistungserbringung der Outsourcing-Dienstleister ist definiert. Die gegenseitigen personellen Zuständigkeiten und Verantwortlichkeiten sind festgelegt.

Erläuterung

Es ist beschrieben, in welcher Weise und in welchen zeitlichen Abständen überprüft wird, dass die Dienstleister ihre zugesagten Leistungen wie vereinbart erbringen und dass die Bewertungskriterien stets eingehalten sind.

7.10. Internes Kontrollsystem (IKS)

Durch das „Interne Kontrollsystem“ wird sichergestellt, dass die Einhaltung der Kernkriterien für die Lösung (Ordnungsmäßigkeit, Vollständigkeit, Nachvollziehbarkeit, Unveränderbarkeit und Verfügbarkeit) fortgesetzt erfolgt und regelmäßig kontrolliert wird.

Die Wirksamkeit des IKS ergibt sich aus den aufeinander abgestimmten technischen und organisatorischen Maßnahmen.

7.10.1. Beschreibung der IKS-Methodik

Die Funktionsweise des „Internen Kontrollsystems“ bezüglich der Einhaltung der an die Lösung gestellten Anforderungen (u. a. Rechts- und Revisionssicherheit) ist beschrieben. Die Beschreibung umfasst auch das Zusammenwirken der organisatorischen und technischen Kontrollmaßnahmen sowie deren gegenseitige Abhängigkeiten.

> Erläuterung
>
> Ein IKS umfasst üblicherweise die Gesamtstruktur eines Unternehmens. Zu beschreiben ist hier derjenige Teil, welcher die Grundlage für den Nachweis der „Rechts- und Revisionssicherheit“ der Lösung bildet. Die für die Lösung relevanten Maßnahmen des IKS müssen jedoch nicht nur die Anforderungen bezüglich der Rechts- und Revisionssicherheit berücksichtigen, sondern auch all diejenigen Anforderungen (rechtlich und unternehmensintern), die sich aus dem Einsatzgebiet bzw. der Zielsetzung der Lösung ergeben. Beispielsweise fordert der Gesetzgeber in der DSGVO klar definierte Verantwortlichkeiten zur Einhaltung der Datenschutzmaßnahmen. Die Grundlage hierfür bildet die ausführliche und strukturierte Dokumentation der Kontrollmaßnahmen durch die verantwortlichen Personen.

Die IKS-Methodik beschreibt und dokumentiert hierbei das Zusammenspiel der einzelnen Maßnahmen, um zu gewährleisten, dass die Einhaltung der an die Lösung gestellten Anforderungen auch Dritten gegenüber jederzeit nachgewiesen werden können.

7.10.2. Nachvollziehbarkeit der Kontrollen

Alle Kontrollen sind sowohl progressiv als auch retrograd nachvollziehbar.

Erläuterung

Kontrollen sind kein Selbstzweck, sondern unterstützen die ordnungsgemäße Umsetzung der Vorgaben. Ihre konsequente Durchführung muss daher zum einen sichergestellt werden, zum anderen auch transparent nachvollziehbar sein. Aus diesem Grunde ist es erforderlich, dass sich Kontrollen von ihrem Anfang bis zum Ende (progressiv) als auch vom Ende zum Anfang (retrograd) nachvollziehen lassen. Diese Forderung unterstützt zudem auch die Aktualität und Stimmigkeit von Kontrollabfolgen.

7.10.3. Dokumentation der organisatorischen Kontrollmaßnahmen

Die organisatorischen Maßnahmen und Kontrollen zum ordnungsmäßigen Betrieb der Systemlösung sind beschrieben.

Erläuterung

Die Notwendigkeit zur Dokumentation der organisatorischen Kontrollmaßnahmen ergeben sich aus der Anwendung der wachsenden Compliance Anforderungen. Die Unternehmen müssen die Einhaltung von Richtlinien – gesetzlichen und

vom Unternehmen definierten – sicherstellen und dies entsprechend detailliert dokumentieren.
Jede größere Organisation benötigt ein systematisch aufgebautes und nachhaltig gepflegtes Kontrollsystem. Dies beinhaltet einerseits vorsorglich ergriffene Maßnahmen, wie die Aufklärung, Information und Schulung von Mitarbeitern, stellt aber auch andererseits die Überwachung bzw. Dokumentation der unternehmensinternen Vorgänge sicher. Hierfür ist ein verbindliches Regelwerk zur Dokumentation der Kontrollmaßnahmen unabdingbar.

7.10.4. Dokumentation der technischen Kontrollmaßnahmen

Die technischen Kontrollmaßnahmen zum ordnungsmäßigen Betrieb der Systemlösung sind beschrieben.

Erläuterung

Es wird aufgezeigt, in welcher Weise Schutz- und Sicherheitsanforderungen durch technische Maßnahmen abgedeckt werden. Dieses umfasst u. a. Zugriffsschutz, Datensicherheit und (interne) Systemprotokollierung. Dabei ist zu beachten, dass alle am Prozess beteiligten Geräte, wie mobile Endgeräte, Berücksichtigung finden.
Falls Hardware, Software oder Infrastruktur durch eine Cloud-Lösung bereitgestellt oder realisiert werden, dann sind übergreifende Rechtsräume zu berücksichtigen und entsprechende Vereinbarungen mit dem Dienstleister zu treffen, um den Anforderungen des eigenen Rechtsraumes zu entsprechen und die geforderten technischen Kontrollmaßnahmen umzusetzen.

7.10.5. Verfahrensdokumentation

Das Verfahren zur zeitgerechten Aktualisierung der Verfahrensdokumentation sowie der manipulationssicheren Aufbewahrung ist beschrieben.

Erläuterung

Die Verfahrensdokumentation hat stets den aktuellen Stand der Lösung abzubilden.
Die Lösung unterliegt in der Regel einer fortlaufenden Anpassung. Die damit verbundenen Änderungen sind chronologisch und lückenlos darzustellen, d. h., alte Versionen der Verfahrensdokumentation sind zu erhalten.
Abgeleitet aus der aktuellen Lösung ist die Schlüssigkeit der Maßnahmen des IKS aufzuzeigen.

7.10.6. Kontrolle und Auswertung des IKS

Die Kontrollen der IKS-Maßnahmen sind beschrieben. Der Umgang mit den IKS-Ergebnissen ist geregelt.

Erläuterung

Die Kontrollen der IKS-Maßnahmen und die Auswertung der IKS-Ergebnisse bilden notwendige Bestandteile der unternehmensweiten Compliance-Aktivitäten. Aus den durch das IKS festgestellten Schwachstellen entstehen Handlungsnotwendigkeiten, deren Umsetzung im laufenden Betrieb gewährleistet sein muss. Idealerweise ist die Umsetzung strukturiert anhand eines regelbasierten Optimierungsprozesses (beispielsweise PCDA-Zyklus) aufgesetzt und die Verantwortlichkeiten entsprechend geregelt und dokumentiert.

7.10.7. Zuordnung von Verantwortlichkeiten

Jeder IKS-Maßnahme ist eine verantwortliche Person zugeordnet.

Erläuterung

Maßnahmen, denen keine personelle Verantwortung zugeordnet ist, bilden eine Schwachstelle. Daher ist die Zuordnung ein wesentliches Element zur Wirksamkeit des IKS und muss durch entsprechende Maßnahmen, z. B. Arbeitsanweisungen, sichergestellt werden (siehe auch Verfahrensdokumentation).
Auch hier kann eine Orientierung an (ISO)Standards erfolgen z. B. durch Implementierung eines RACI-Modells (Responsible-Accountable-Consulted-Informed).

8. Prüfung und Zertifizierung

8.1. Einleitung

Mittels einer sorgfältigen Planung, durch Auswahl geeigneter Hard- und Softwarekomponenten, durch eine geeignete Organisation des Betriebs und durch die Erstellung einer Verfahrensdokumentation wird der notwendige Aufbau der Lösung erzielt.

Die Bestätigung der Konformität kann jedoch ausschließlich mittels einer zusätzlichen Prüfung durch unabhängige Dritte und einer Zertifizierung durch eine anerkannte Zertifizierungsstelle erfolgen. Zusätzlich verbessern sich dadurch die Beweisqualität und die Rechtssicherheit, da hierüber bestätigt wird, dass die technische Umsetzung sowie die gelebten Prozessabläufe der Beschreibung in der Verfahrensdokumentation entsprechen. Dies gilt auch im Fall von Teilzertifizierungen für eine betrachtete Teillösung.

Der VOI-Verband Organisations- und Informationssysteme e.V. und die TÜV Informationstechnik GmbH, TÜV NORD GROUP (TÜViT), haben mit den vorliegenden Prüfkriterien eine Grundlage für den sicheren Einsatz digitaler Dokumentenmanagementprozesse und verbundener IT-Lösungen geschaffen. Die umfassende Praxiserfahrung des VOI und seiner Mitgliedsfirmen im Bereich der Konzeption und Umsetzung solcher Prozesse sowie die langjährige Erfahrung der TÜViT im Umfeld der Prüfung und Zertifizierung garantieren die Qualität des fachlich fundierten Nachweisverfahrens.

8.2. Prüf- und Zertifizierungsoptionen

Die nachfolgenden Kapitel zeigen die möglichen Zertifizierungen auf und beschreiben den groben Ablauf der jeweiligen Prüfung.

8.2.1. Prüfung einer Gesamtlösung

Die Prüfung einer „Gesamtlösung" erfolgt in zwei Schritten.

Der erste Schritt besteht aus der „Prüfung der Verfahrensdokumentation". Dabei werden die dort enthaltenen Beschreibungen dahingegen geprüft, ob sie konsistent sind und vollständig den Anforderungen der PK-DML genügen.

Der zweite Schritt besteht aus der „praktischen Prüfung der Lösung" in Form eines Audits vor Ort. Ein Auditteam der Zertifizierungsstelle verifiziert die Übereinstimmung von Verfahrensdokumentation und technischer Umsetzung. Insbesondere wird geprüft, ob die Lösung gegen unberechtigte Zugriffe, Veränderungen der Indexierung, Verfälschung von Dokumenten und Fehlbedienung ausreichend abgesichert ist. Dazu werden auch stichprobenartige Tests zur Erfassung, Indexierung, Recherche und Reproduktion durchgeführt. Dokumente werden auf ihrem Weg durch die unterschiedlichen Stationen im System verfolgt. Die Testergebnisse müssen konsistent zu den in der Verfahrensdokumentation beschriebenen Sachverhalten sein. Außerdem werden Umgebungs- und Einsatzbedingungen überprüft.

8.2.2. Teilzertifizierungen

Umgang mit isolierten Teilen einer Lösung, z.B. Dokumentenerfassen/Scannen.

Neben der Zertifizierung einer vollständigen Lösung ist auch die Zertifizierung einzelner abgrenzbarer und sinnvoller Teillösungen möglich. Die Teillösungen können von eigenständigen Unternehmenseinheiten oder durch externe Dienstleister erbracht werden.

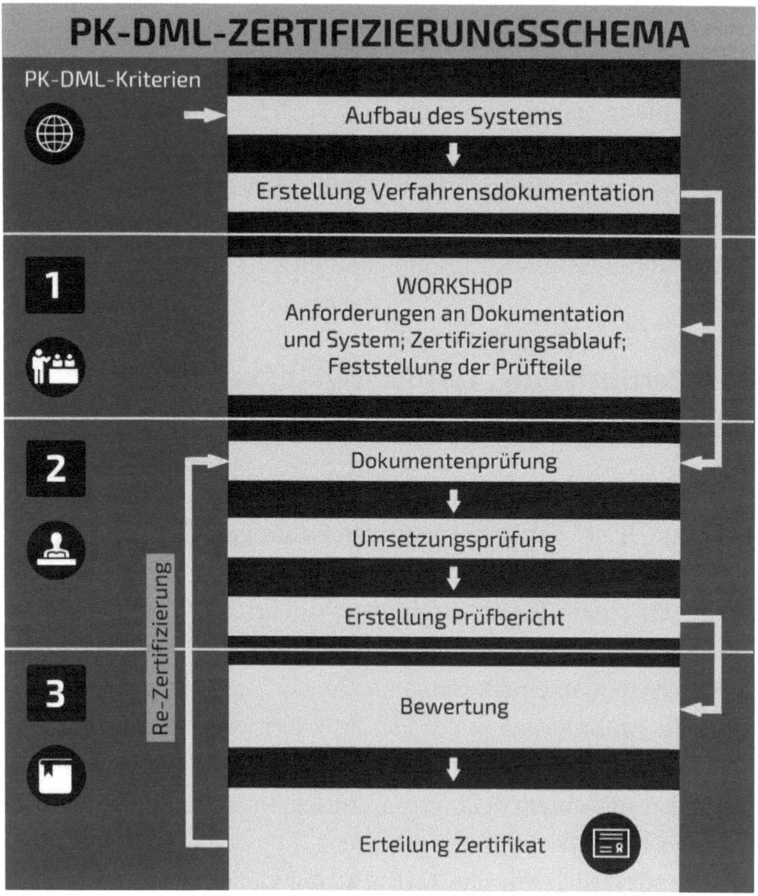

Abbildung 4 – Schematischer Ablauf der Zertifizierung

Für die Teillösung ist eine eigenständige Verfahrensdokumentation zu erstellen. Das Audit und die Zertifizierung erfolgen nach dem gleichen Verfahren wie bei einer vollständigen Lösung. Voraussetzungen für Teilzertifizierungen sind eine klare Funktionsabgrenzung sowie definierte Schnittstellen. In der Verfahrensdokumentation müssen Teillösungen als solche ausgewiesen werden.

Eine Unternehmenseinheit oder ein externer Dienstleister, der die Zertifizierung einer Teillösung anstrebt, muss zunächst Inhalt und Umfang seiner Teillösung präzise definieren. Auch bei einer Teilzertifizierung sind alle Bewertungsbereiche der PK-DML entsprechend zu berücksichtigen. Welche Bewertungsbereiche und Einzelkriterien für die Teilzertifizierung anwendbar sind, muss die Zertifizierungsstelle in Zusammenarbeit mit dem Kunden festlegen.

8.3. Zertifizierung, Zertifikatsgültigkeit und Re-Zertifizierung

Die Zertifizierungsentscheidung mit Erteilung des Zertifikats erfolgt auf Basis der Ergebnisse der Prüfungen der Verfahrensdokumentation und der praktischen Prüfung vor Ort, die durch die Prüfer in einem aussagekräftigen Prüfbericht zusammengefasst werden. Dieser Sachverständigennachweis wird von der Zertifizierungsstelle in einem formalen Zertifizierungsprozess bewertet. Sind die Anforderungen der PK-DML nachweislich erfüllt und ist das Prüfverfahren ordnungsgemäß abgewickelt worden, wird ein Zertifikat mit einem definierten Gültigkeitszeitraum, in der Regel zwei bis maximal drei Jahre, erteilt.

Grundsätzlich gilt das Zertifikat nur für die konkret geprüfte Lösung. Daher sind zertifizierungsrelevante Änderungen an der Lösung der Zertifizierungsstelle anzuzeigen. Diese analysiert die Auswirkung der Änderungen und entscheidet über Schritte, wie bspw. Nachprüfungen, die zum Erhalt der Zertifikatsgültigkeit notwendig sind.

Rechtzeitig vor Ablauf der Zertifikatsgültigkeit informiert die Zertifizierungsstelle den Betreiber über die notwendige Re-Zertifizierung, damit sich die Folgezertifizierung nahtlos an die bestehende Zertifizierung anschließen kann.

Zertifikat

Die Zertifizierungsstelle der TÜV Informationstechnik GmbH
bescheinigt hiermit dem Unternehmen

Muster_Name
Muster_Strasse_Nr
Muster_PLZ_Ort

für die eingesetzte Dokumentenmanagementlösung

Musterlösung

die Erfüllung aller anwendbaren Anforderungen der Prüfkriterien für Dokumentenmanagementlösungen

PK-DML, 5. Auflage 2019

des VOI - Verband Organisations- und Informationssysteme e. V.

Die Prüfanforderungen sind in der Anlage zum Zertifikat zusammenfassend aufgelistet.

Die Anlage ist Bestandteil des Zertifikats und besteht aus 5 Seiten.

Dieses Zertifikat gilt nur in Verbindung mit dem Prüfbericht.

PK-DML
TÜViT®
2019 Trusted Site
Certificate ID: 99xx.19
© TÜViT - TÜV NORD GROUP - www.tuvit.de

21
Zertifikat gültig bis
28.02.2021

Essen, tt.mm.2019

Dr. Christoph Sutter
Leiter Zertifizierungsstelle

TÜV Informationstechnik GmbH
TÜV NORD GROUP
Langemarckstraße 20
45141 Essen
www.tuvit.de

«VOI»
PK-DML ist ein
Kriterienkatalog des VOI
www.voi.de

Abbildung 5 – Zertifikat für eine PK-DML Zertifizierung einer Gesamtlösung

«VOI CERT»

ZERTIFIKAT – CERTIFICATE

Die Zertifizierungsstelle der VOI Service GmbH bescheinigt gemäß VOI-CERT-Regularien dem Softwareprodukt

„Mustersystem", Revision X

der Firma: Muster GmbH

die Anforderungen nach dem Prüfverfahren „PK-DML ready" zu erfüllen. Das geprüfte Produkt ermöglicht ein revisionssicheres Compliance-Management digitaler Dokumente.
Der Nachweis wurde durch das Prüfverfahren mit der Nummer VCC19000 erbracht.

Das Gütezeichen VOI Compliance Certificate (VCC) „Geprüfte Sicherheit" wurde erteilt.

VOI Service GmbH Certification Authority certifies according to the VOI-CERT Certification and Testing Regulation that the software product

"Sample System", Revision X

from: Sample Ltd.

fulfills the requirements of the "PK-DML ready" specification. The tested product permits an auditable Compliance Management of digital documents.
A Certification Process was performed with Report No. VCC19000 and proof has been provided that the requirements are fulfilled.

The approval mark VOI Compliance Certificate (VCC) "Tested Security" has been granted.

VOI Compliance Certificate „PK-DML ready"

Datum der Zertifizierung:	**10.01.2019**
Prüfberichtnummer:	**VCC19000**
Zertifikatnummer:	**ZVCC19000**
Zertifikat gültig für:	**Revision X**

Date of Certification:	**2019-01-10**
Audit Report No.:	**VCC19000**
Certificate No.:	**ZVCC19000**
Certificate valid for:	**Revision X**

VOI Service GmbH - Zertifizierungsstelle
Bonn, den 1.01.2019

VOI Service GmbH
Certification
Authority
Bonn 2019-01-10

CERT „PK-DML ready" «VOI» 2019 Compliance Certificate

Max Mustermann

Max Mustermann
Muster Geschäftsführer / Sample Managing Director

VOI Service GmbH—Zertifizierungsstelle, Postfach 140 231, D-53057 Bonn, T. 0228 908 2089, F. 0228 908 2091, voi@voi.de, www.voi.de

Abbildung 6 – Zertifikat für eine PK-DML Zertifizierung eines Systems oder Teillösung

8.4. Zuständigkeiten

8.4.1. Lenkungskreis

Der Lenkungskreis ist das Entscheidungsgremium für die Entwicklung und fortlaufende Pflege der PK-DML und des damit verbundenen Auditierungs- und Zertifizierungsverfahrens.

Zu den Aufgaben gehören:

- Verabschiedung des vorliegenden Kriterienwerkes und späterer Versionen
- Verabschiedung des grundlegenden Verfahrens zur Auditierung und Zertifizierung

Mitglieder des Lenkungskreises sind:

- der VOI e.V. – vertreten durch die Geschäftsführung, den Leiter des VOI Arbeitskreises PK-DML und dessen Stellvertretung
- die TÜV Informationstechnik GmbH (Mitarbeiter der Zertifizierungsstelle)

Sofern es für die Weiterentwicklung und breite Akzeptanz der PK-DML geboten erscheint (z. B. Abstimmung mit anderen Prüfinstanzen und Fachverbänden), können weitere Kooperationspartner beteiligt werden.

8.4.2. Arbeitskreis

Der Arbeitskreis hat folgende Aufgaben:

- Fortschreibung des Kriterienwerkes
- Vorbereitung der Entscheidungsgrundlagen für den Lenkungskreis (Inhalte, Verfahren, Darstellungen usw.)

Der Arbeitskreis wird durch den VOI organisiert und setzt sich aus Mitgliedern des VOI zusammen. Seitens der TÜViT können bis zu zwei Mitarbeiter mitwirken.

8.4.3. Zertifizierungsstelle

Die Zertifizierungsstelle lässt Auditoren zu und legt die Zulassungsbedingungen fest. Für die einzelnen Zertifizierungen, die durchgeführt werden, teilt die jeweils zuständige Zertifizierungsstelle die Audit-Teams ein.

Die Zertifizierungsstelle trifft die Zertifizierungsentscheidung auf der Grundlage des Prüfberichts, der durch das Audit-Team erstellt wurde. Bei positiver Zertifizierungsentscheidung erstellt die Zertifizierungsstelle das Zertifikat und veröffentlicht es auf Wunsch des Betreibers auf ihren Internetseiten. Die Zertifizierungsstelle zeigt den Ablauf der Gültigkeit des Zertifikats rechtzeitig vorher dem Betreiber an, so dass zeitnah eine Folgeprüfung durchgeführt werden kann.

Bei der Voll- und Teilzertifizierung von Lösungen ist die Zertifizierungsstelle verpflichtet, die Zertifizierung auf der Basis der DIN EN ISO/IEC 17065 durchzuführen; gleichzeitig ist sie zur Geheimhaltung gegenüber Dritten verpflichtet.

9. Allgemeines

9.1. Geltungsbereich des Kriterienwerkes

Das Kriterienwerk gilt für vollständige und Teillösungen im Umgang mit digitalen Dokumentenmanagementprozessen und verbundener IT-Lösungen aller Art.

9.2. Zuständigkeiten und Anschriften

9.2.1. Zertifizierungsstelle der TÜViT

TÜV Informationstechnik GmbH – TÜV NORD GROUP
Langemarckstraße 20
45141 Essen
www.tuvit.de

Ansprechpartner:

Tobias Kippert
E-Mail: T.Kippert@tuvit.de
Tel.: +49 201 8999 546
Fax: +49 201 8999 666

9.2.2. Zertifizierungsstelle des VOI (VOI-CERT)

VOI Verband Organisations- und Informationssysteme e.V. –
voice of information
Zertifizierungsstelle VOI-CERT VOI Service GmbH
Heilsbachstr. 25
53123 Bonn
www.voi-cert.de

Ansprechpartner:

Peter J. Schmerler
(Geschäftsführer des VOI e.V. und der VOI Service GmbH)
E-Mail: peter.schmerler@voi.de
Tel.: +49 228 908 2089
Fax: +49 228 908 2091

Dr. Klaus-Peter Elpel
E-Mail: k-p.elpel@voi.de
Mobil: +49 160 96382585

Ralf Kaspras
E-Mail: r.kaspras@voi.de
Mobil: +49 172 4512733

9.2.3. Arbeitskreis

VOI Verband Organisations- und Informationssysteme e.V. –
voice of information
VOI e.V.
Heilsbachstr. 25
53123 Bonn
www.voi.de

Ansprechpartner:

Ralf Kaspras
E-Mail: r.kaspras@voi.de
Mobil: +49 172 4512733

9.3. Haftungsausschluss

Der VOI e.V. übernimmt keine Gewähr oder Garantie für die Richtigkeit und/oder Vollständigkeit der in diesem Dokument beschriebenen Inhalte. Der VOI e.V. kann für fehlerhafte oder unvollständige Angaben und deren Folgen keine juristische Verantwortung oder Haftung jeglicher Art übernehmen. Weiterhin behält sich der VOI e.V. das Recht vor, dieses Kriterienwerk aus technischen Gründen zu revidieren und darin Änderungen vorzunehmen.

10. Glossar

Abnahme

Siehe → *Prüfung*

Akkreditierung

Unter Akkreditierung versteht man die formale Listung und Befähigung eines Auditors durch die Zertifizierungsstelle. Durch die Akkreditierung erkennt die Zertifizierungsstelle sowohl die technische Kompetenz als auch die Unabhängigkeit des Auditors an.

Aktion

Synonym: Prozessschritt
Eine Aktion ist eine geschlossene Tätigkeitsgruppe, die mit einem bestimmten Input und einem bestimmten Output Teil eines Vorgangs ist. Aktionen werden auch als Prozessschritte bezeichnet und sind die unterste, nicht geteilte Ebene in den Prozessdiagrammen.

Annotation

Synonym: Anmerkung, Notiz, Vermerk
Anmerkungen meist in Text- oder grafischer Form, die im Zusammenhang mit der Bearbeitung eines Dokuments digital erstellt und im → *DMS* zusammen mit dem Dokument verwaltet werden. Dabei wird das Dokument selbst inhaltlich nicht verändert.

AO

Abgabenordnung

Arbeitsablauf

Unter Arbeitsablauf wird der gesamte organisatorische Ablauf von Geschäftsprozessen oder Vorgängen, der auch einen oder mehrere Workflows beinhalten kann, verstanden.

Arbeitskreis

VOI und TÜViT erarbeiten im Arbeitskreis PK-DML die vorliegenden Prüfkriterien und schreiben sie fort.

Attribut

Synonym: Schlüssel, Schlüsselwort, Schlagwort, Key, Index
Identifizierende oder beschreibende Eigenschaft eines Dokuments, so dass es wiedergefunden wird kann („Retrieval").

Attribuierung

Synonym: Verschlagwortung, Indexieren, Qualifizieren
Ein Dokument mit Attributwerten versehen.

Audit

Unter Audit wird im vorliegenden Kriterienkatalog die Prüfung einer Lösung eines Betreibers verstanden. Das Audit einer Lösung beinhaltet: 1. Review der Verfahrensdokumentation auf formale Vollständigkeit und Einhaltung der Kriterien. 2. System-Audit vor Ort, bei dem die Übereinstimmung des realen Systems mit der Verfahrensdokumentation überprüft wird.

Audit-Management

Das Audit-Management ist bei den zugelassenen Zertifizierungsstellen angesiedelt und ist für die Organisation des gesamten Prüf- und Zertifizierungsverfahrens zuständig. Es plant die Audits, informiert die Betreiber über das Prüfungs- und Zertifizierungsverfahren und trifft die notwendigen Absprachen mit dem Betreiber.

Audit-Team

Ein Audit-Team führt Audits durch und erstellt Prüfberichte. Es setzt sich aus einer oder mehreren Personen zusammen, die ihre Qualifikation der Zertifizierungsstelle nachgewiesen haben und von dieser akkreditiert sein müssen.

Auditor

Ein Auditor bewertet eine Lösung eines Betreibers auf der Grundlage definierter Prüfkriterien. Der Auditor wird von der Zertifizierungsstelle nach Nachweis seiner Qualifikation akkreditiert und ist Teil eines Audit-Teams.

Barcode

Mit opto-elektronischen Verfahren (Scannern) sehr zuverlässig maschinenlesbare Schrift. Der Zeichensatz wird codiert durch Balken und Lücken unterschiedlicher Breite (1-D-Barcode) oder in Form von Matrizen mit einem Hell-Dunkel-Raster (2-D-Barcode). Es gibt verschiedene Arten der Codierung, die sowohl universell einsetzbar als auch speziellen Anwendungsfällen vorbehalten sind. Da Informationen bei 1-D-Barcodes in der Breite der Balken und Lücken codiert sind, sind sowohl bei Druck als auch beim Lesen/ Scannen von Barcodes Mindestanforderungen die Auflösung betreffend einzuhalten.Im DMS- Umfeld werden Barcodes oft eingesetzt, um Papierbelege eindeutig zu identifizieren und nach dem Scannen automatisch zuzuordnen.

Betreiber

Als Betreiber wird die Organisation verstanden, die eine Lösung betreibt und das Prüfungs- und Zertifizierungsverfahren durch Anfrage an das Audit-Management initiiert. Beim Outsourcing des Anwendungsbetriebes an Dritte (Bsp. Rechenzentrum) ändert sich der rechtliche Betreiber nicht.

Beweistauglichkeit

Ein Dokumentenmanagementsystem ist beweistauglich, wenn der Nachweis erbracht werden kann, dass die Dokumente in ihm ordnungsmäßig erfasst, gespeichert, bearbeitet, archiviert und gelöscht werden. Dies ergibt sich einerseits aus Systemeigenschaften und organisatorischen Abläufen, die sich zweifelsfrei nachvollziehen lassen und die gegen ungewollte Veränderungen und Manipulationen in definierter Weise geschützt sind. Andererseits trägt auch die Protokollierung der konkreten Abläufe in einem Dokumenten-managementsystem entscheidend zur Beweistauglichkeit bei.

Bewertungskriterien

Siehe Mindestanforderungen.

Cloud-Computing

Eine Form des Auslagerns (Outsourcing) von IT-Diensten, Daten und Dokumenten.

CI

Coded Information Codierte und damit in der Regel maschinell einfach weiterzuverarbeitende Information. Die Art der Codierung ist damit noch nicht festgelegt. Eine der am weitest verbreiteten Codierungen für Text ist in der IT-Welt das ASCII-Format. Der Begriff CI wird in der Regel zur Unterscheidung von → *NCI*, das heißt nicht codierter Information verwendet (z.B. Rasterbilder).

COLD

Computer Output on Laser Disc Direkte Ablage computergenerierter Daten wie Ausgangspost, Drucklisten etc. in einem digitalen Archiv. COLD-Daten wurden in der Vergangenheit häufig auf optischen Platten archiviert, daher die Bezeichnung.

Compliance

Einhaltung von Gesetzen, Richtlinien und sonstigen Verhaltensmaßregeln, die für eine Organisation anzuwenden sind. Ein gemäß der PK-DML betriebenes bzw. geprüftes → *DMS* stellt eine wichtige Komponente im Rahmen der Unternehmens- Compliance dar, da alle relevanten Dokumente revisionssicher aufbewahrt werden und der Zugriff darauf sichergestellt wird.

Compound Document

Dokument, das sich aus mehreren Einzelobjekten zusammensetzt und dessen Zusammenhalt und Integrität durch Funktionen eines DMS sichergestellt wird.

Customizing

Kundenindividuelle Konfigurationen und Anpassung eines Systems, jedoch ohne Veränderungen des Programmcodes.

DML

Dokumentenmanagement-Lösung. Siehe → *DMS*

DMS

Dokumentenmanagementsystem Unter DMS im weitesten Sinne versteht man ein IT-System zur Erfassung, Speicherung, Archivierung, Bearbeitung, Weiterleitung, Suche und Reproduktion von Dokumenten, siehe auch → *ECM*

Dokument

Synonym: Digitales Dokument
Ein Dokument ist eine zweckgebundene Zusammenstellung von Informationen auf einem beliebigen Datenträger. Es ist inhaltlich geschlossen im Sinne von einer zweckgebundenen Unteilbarkeit. Ein Dokument kann jedwede Art digitaler Informationen bein-

halten und aus einem oder mehreren Einzelobjekten (z. B. Bilder, Datensätze, Texte oder Tabellen) bestehen. Siehe auch Kapitel Einführung/Definitionen.../Dokument ff.

DV

Datenverarbeitung Eher veraltete Bezeichnung. Wurde weitgehend vom Begriff → *IT / Informationstechnik* abgelöst.

ECM

Enterprise Content Management Oberbegriff für die Technologien zur Erfassung, Verwaltung, Speicherung, Bewahrung und Bereitstellung von Inhalten (Content) und Dokumenten zur Unterstützung von organisatorischen Prozessen, siehe auch → *DMS*

eIDAS

„electronic IDentification, Authentication and trust Services" – Deutsch: „elektronische Identifizierung und Vertrauensdienste" – für elektronische Transaktionen im Binnenmarkt und zur Aufhebung der Richtlinie 1999/93/EG", bezeichnet die Verordnung (EU) Nr. 910/2014 des Europäischen Parlaments und des Rates. Diese Verordnung führte zur Ablösung des → *SigG* und der → *SigV*. Neu eingeführt wurden u.a. → *Elektronische Siegel*.

EIM

Enterprise Information Management EIM ist eine Weiterentwicklung von → *ECM* und unterstützt den Ansatz einer ganzheitlichen und strukturierten Verwaltung und Organisation von strukturierten und unstrukturierten Informationen im Unternehmen. Bestandteile von EIM sind u.a. auch Kommunikation, Zusammenarbeit und Prozessorientierung.

Elektronische Signatur

Genormtes technisches Verfahren, welches die Authentizität und Integrität der signierten Daten nachweist. Elektronische Signaturen basieren auf Zertifikaten für natürliche Personen und können im europäischen Rechtsraum den handschriftlichen Unterschriften gleichgestellt sein. Die Vorgaben dafür sind in der EU-Verordnung 2014/910 (→ *eIDAS*) festgelegt. Diese Verordnung ersetzt in Verbindung mit dem → *VDG* das deutsche Signaturgesetz → *SigG* festgelegt. In einigen Gesetzen, wie z.B. dem eGovernment Gesetz (eGovG), sind elektronische Signaturen bereits vorgeschrieben.

Elektronische Siegel

Genormtes technisches Verfahren, welches die Authentizität und Integrität der signierten Daten nachweist. Elektronische Siegel basieren auf Zertifikaten für juristische Personen. Die Vorgaben dafür sind in der EU-Verordnung 2014/910 (→ *eIDAS*) festgelegt und entsprechend denen einer → *Elektronischen Signatur.*

Firmenspezifische Sicherheitspolitik

Eine Sammlung von Richtlinien und Regeln, die vorschreiben, in welcher Weise Werte (Vermögenswerte und sensitive Informationen) innerhalb der Betreiberorganisation behandelt und geschützt werden.

Prüfung

Die Prüfung besteht aus zwei Schritten:

1. Prüfung der Verfahrensdokumentation
2. Prüfung des Systemlösung (Systemaudit)

GoBD

Grundsätze zur ordnungsmäßigen Führung und Aufbewahrung von Büchern, Aufzeichnungen und Unterlagen in elektronischer Form sowie zum Datenzugriff, BMF-Schreiben vom 14.11.2014

Ersetzt die Grundsätze ordnungsmäßiger DV-gestützter Buchführungssysteme (GoBS von 1995) sowie die „Grundsätze zum Datenzugriff und zur Prüfbarkeit digitaler Unterlagen" (BMF-Schreiben vom 17. Juli 2001)

HGB

Handelsgesetzbuch Vorschriften für die Aufbewahrung von Dokumenten finden sich vor allem im Dritten Buch (Handelsbücher), erster Abschnitt (Vorschriften für alle Kaufleute) in § 239, Abs. 2 HGB und § 239 HGB.

ICR

Intelligent Character Recognition Allgemeiner Oberbegriff für Methoden zur Erkennung oder Klassifizierung von Texten ergänzend zur reinen Zeichenerkennung (→ *OCR-Erkennung*). Bei ICR werden weitere Referenzinformationen, ggf. Feld- und Formulardefinitionen oder externe Datenbanken herangezogen, um Interpretationsfähigkeit und Trefferrate zu erhöhen. Auch können anhand von Regeln oder statistischen Verfahren Dokumenteninhalte im Gegensatz zur reinen OCR effektiver klassifiziert werden.

IKS

Internes Kontrollsystem (allgemein)Gesamtheit aller aufeinander abgestimmten Kontrollen, Maßnahmen und Regelungen zur Einhaltung aller relevanter Anforderungen in betrieblichen Abläufen. Die IKS-Logik ist nachvollziehbar und schlüssig.

IS

Informationssicherheit

IT

Informationstechnologie

IV

Informationsverarbeitung

Jukebox

Robotik- System für Wechselmedien wie optische Platten, Bänder etc.

Kriterien

Unter Kriterien versteht man hier die Mindestanforderungen an eine Lösung.

Kriterienwerk

Das vorliegende Kriterienwerk der PK-DML bildet die Grundlage der Prüfung und Zertifizierung.

Migration

Datenfortschreibung; durch den permanenten Wechsel von Technologien oder endlicher Haltbarkeit der Speichermedien ist es zwingend erforderlich, beispielsweise archivierte Daten von Zeit zu Zeit zu migrieren, das heißt, auf andere Systeme umzuschreiben. Das bedeutet für den Anwender, Daten so vorzubereiten, dass diese problemlos und ohne Datenverlust von einem bestehenden Datenträger auf beliebige andere übertragen werden können. Im Gegensatz zu dieser „Datenträgermigration“ werden bei der erheblich aufwendigeren „Systemmigration“ alle Daten- und Dokumentenbestände in ein anderes DMS- Produkt migriert. Auch der Wechsel von Hardware- und Betriebssystem-Plattformen wird als Migration bezeichnet.

Mindestanforderungen

Unter Mindestanforderungen werden die minimalen Anforderungen an die Ordnungsmäßigkeit einer Lösung verstanden. Hierbei handelt es sich um so genannte „K-o"-Kriterien; d.h. alle Mindestanforderungen müssen erfüllt sein, damit ein Zertifikat erteilt werden kann.

Monitoring

Monitoring ist ein besonderer Fall der Protokollierung in einem DMS-/ERP-System. Die Funktion des Monitorings besteht darin, bei einem beobachteten Ablauf bzw. Prozess steuernd einzugreifen, sofern dieser nicht den gewünschten Verlauf nimmt bzw. bestimmte Schwellwerte unter- bzw. überschritten sind.

NAS

Network Attached Storage Speichertechnologie basierend auf Festplatten, die in einem lokalen Netzwerk den direkten Zugriff auf gespeicherte Daten ohne einen dedizierten Server ermöglicht und damit Installations- und Administrationsaufwände reduzieren hilft. NAS wird immer häufiger als Alternative zu → *Jukeboxen* für Massenspeicherung und Archivierung eingesetzt (siehe auch → *SAN*).

NCI

Non Coded Information Nicht codierte Informationen, die vom Rechner nicht direkt verarbeitbar sind (z. B. Bilder, Tonsequenzen, Rastergrafiken, z. B. gescannte Dokumente oder Videos). Inhalte NCI-codierter Dokumente oder Informationsträger können erst nach einer geeigneten Konvertierung (z. B. → *OCR*) von einem Rechner weiterverarbeitet werden.

OCR

Optical Character Recognition Ursprünglich Name für Verfahren zur Erkennung von genormter OCR-A- (nur Großbuchstaben) und OCR-B- (Groß- und Kleinbuchstaben) Schrift über optische Leseeinheiten. Heute Begriff für die Erkennung von maschinell oder auch handschriftlich aufgebrachten Zeichen aus einem (vorzugsweise) schwarz-weißen Rasterbild durch Analyse von hellen und dunklen Bereichen. Die erkannten Zeichen werden in maschinenlesbare Textzeichen gewandelt und stehen somit für eine maschinelle Weiterverarbeitung zur Verfügung.

PDF

Portable Document Format Dateiformat der Firma Adobe, das auf der Druckerkontrollsprache Postscript basiert und die plattformunabhängige Erstellung, Verwaltung und Einsicht von Dokumenten ermöglicht. PDF-Dateien können grafisch anspruchsvolle Inhalte darstellen und gleichzeitig Funktionen ermöglichen wie Textsuche, Textselektion oder das Einbinden interaktiver Elemente. Die PDF-Version 1.7 ist als ISO 32000-1:2008 international genormt.

PDF/A

Erstmals in der ISO 19005-1:2005 veröffentlichter Standard für die Langzeitarchivierung elektronischer Dokumente. PDF/A-1 basiert auf der PDF-Version 1.4. Im Juni 2011 folgte PDF 2-A in der ISO 19005-2:2011. Seit Oktober 2012 ist die Spezifikation von PDF 3-A veröffentlicht.

Postkorb

Synonym: Arbeitskorb, Arbeitsliste, Task-Liste
Digitaler Ordner, in dem sich die zu verarbeitenden Dokumente befinden. Postkörbe können Einzelpersonen (Einzelpostkorb) oder Gruppen (Gruppenpostkorb) zugeordnet sein.

Prozess

Immer wiederkehrende, aus mehreren Einzelschritten bestehende und von Personen und/oder IT-Systemen durchgeführte Tätigkeit. Beispiele für Prozesse sind das Scannen und das Weiterleiten von Dokumenten.

Prüfbericht

Ein Prüfbericht fasst die Prüfergebnisse zusammen und formuliert die Empfehlung des Audit-Teams für die Zertifizierungsstelle.

Prüfung

Prüfung ist eine von einem unabhängigen Audit-Team durchgeführte Feststellung des Ist-Zustandes einer konkreten Lösung („Prüfobjekt"). Auf Basis des vorliegenden Kriterienkatalogs wird dabei ein Soll-Ist-Vergleich durchgeführt und das Ergebnis in einem → *Prüfbericht* niedergelegt.

Rendition

Synonym: Inkarnation
Dokumente mit identischem Inhalt, jedoch in einem anderen Format oder Medium. Ein Dokument kann z.B. in mehreren Renditions in unterschiedlichen Formaten vorhanden sein (TIFF, PDF, MS-Word-Datei und Papierausdruck).

Reporting

DMS-/ERP-Funktion, die automatisch generierte Berichte mit zuvor festgelegten Inhalten erzeugt.

Retrieval

Synonym: Suche, Recherche

[engl. Rückgewinnung, Wiedererlangen, Abfrage] Suchen und Wiederauffinden von → *Dokumenten, Dokumentengruppen oder Dokumententeilen.*

Rolle

Wird repräsentiert durch mindestens eine reale Person, den oder die Rolleninhaber. Alle Rolleninhaber haben eine gleiche Aufgabe oder Beziehung zum System. Beispiele für Rollen sind Systemadministrator und Scan-Operator.

SAN

Storage Area Network Netzwerk zwischen Servern und (beliebigen) Speichermedien, in dem Zugriffe auf Speicherinhalte mit einem optimierten Protokoll erfolgen: blockbasierter Zugriff im Gegensatz zu dateibasiertem Zugriff in einem LAN (Local Area Network). Ein SAN erlaubt den Aufbau ausfallsicherer Speicher über verschiedene Standorte hinweg und kann damit auch fehlertolerant ausgelegt werden. Ein → *NAS* kann über SAN auf (verteilte) Speicherressourcen zugreifen.

SigG

Deutsches Signaturgesetz Das „Gesetz über Rahmenbedingungen für elektronische Signaturen – Signaturgesetz (SigG)“ regelte technische und organisatorische Rahmenbedingungen für den Einsatz von elektronischen Verfahren für eine Unterschrift

(→ *Elektronische Signatur*). Wurde durch die → *eIDAS* Verordnung und das →*VDG* abgelöst.

SigV

Signaturverordnung, die das Signaturgesetz konkretisiert und ergänzt. Wurde durch die → *eIDAS* Verordnung und das → *VDG* abgelöst.

Systementwicklung

Der Begriff wird in der IT für das Vorgehen bei Programmentwicklung, -wartung und -einführung verwendet und umfasst die verfahrenstechnischen und personellen Aspekte.

Test

Tests definieren die Verfahren, die zur Prüfung einer Lösung durchgeführt werden. Sie sind vollständig zu dokumentieren und beschreiben die korrekte Funktionsweise. Tests sind nur sinnvoll durchzuführen, wenn die Testkriterien zuvor vollständig definiert worden sind.

TÜViT

TÜV Informationstechnik GmbH – Unternehmensgruppe TÜV NORD Die TÜViT ist ein Unternehmen der TÜV NORD Gruppe mit Sitz in Essen. Die Zertifizierungsstelle der TÜViT zertifiziert Lösungen nach den PK-DML-Kriterien und veröffentlicht die Zertifikate auf ihren Internetseiten. Des Weiteren stellt die TÜViT in diesem Verfahren Mitarbeiter als Auditoren für den Prüfvorgang bereit.

USV

Unterbrechungsfreie Stromversorgung Eine Notstromversorgung, durch die bei einem Stromausfall ein IT-System entweder kontrolliert heruntergefahren wird oder aber durch eine unabhängige Stromversorgung bis zur Wiederherstellung der öffentlichen Stromversorgung weiter betrieben werden kann. Dadurch wird im ersten Fall Datenverlust vermieden und ein schneller Wiederanlauf ermöglicht. Im zweiten Fall wird die Verfügbarkeit des IT-Systems erhöht.

VDG

Vertrauensdienstegesetz Über das eIDAS-Durchführungsgesetz regelt das VDG die nationalen Ausprägungen der → *eIDAS* Verordnung, wie z.B. zuständige Aufsichtsbehörde.

Verfahrensdokumentation

Die vom Betreiber erstellte Dokumentation der gesamten Lösung mit allen relevanten technischen und organisatorischen Aspekten. Sie beschreibt u. a. die vollständigen Betriebsprozesse – von der Erfassung über die Speicherung bis zur Reproduktion der Dokumente.

Eine Verfahrensdokumentation ist die Grundlage für ein Zertifizierungsverfahren. Für die Ablage steuer- und handelsrechtlicher Belege in einem DMS ist eine Verfahrensdokumentation durch die → *GoBD* zwingend vorgeschrieben.

Vertrauenswürdigkeit

Eigenschaft der Lösung, die das Maß an Vertrauen ausdrückt, das man in die durch den Prüfungsgegenstand bereitgestellte Sicherheit haben kann.

Vertraulichkeit

Ein Objekt ist vertraulich, wenn es nicht von jedermann eingesehen werden darf. In einem DMS werden vertrauliche Objekte durch die Benutzerverwaltung und entsprechende Zugriffsberechtigungen geschützt.

Viewer

Ein spezielles Bildbetrachtungsprogramm, mit dem in einem DMS abgelegte Dokumente ggf. mit ihren → *Annotationen*, Stempeln und Versionen angezeigt werden können; auch meist mit einer automatischen Seitenvorschau („Thumbnails") ausgestattet.

VOI

Verband Organisations- und Informationssysteme e. V., Bonn: www.voi.de. VOI ist der Fachverband für Anbieter und Anwender rund um Elektronische Dokumentenprozesse. Hierzu gehören u.a. die Sachgebiete Elektronisches Dokumentenmanagement und Archivierung (DMS), Enterprise-Content-Management (ECM) und Enterprise Information Management (EIM). Zu den Handlungsschwerpunkten gehört die Entwicklung von Best-Practise-Empfehlungen und Standards sowie die Gestaltung von Rechts- und Revisionssicherheit.

VOI-CERT

Zertifizierungsstelle des VOI e.V., Bonn

Weiterleitung

Weiterleitung von Dokumenten in den digitalen Postkorb eines Sachbearbeiters oder einer Organisationseinheit zur weiteren Vorgangsbearbeitung.

Workflow

Synonym: Geschäftsvorfall, Vorgang, Arbeitsablauf
(Technischer Begriff) Ein Workflow ist ein Prozess, der aus einzelnen Aktivitäten aufgebaut ist, die sich auf Teile eines Geschäftsprozesses oder andere organisatorische Vorgänge beziehen.

Workflow-Managementsystem

Auch WfMS. Ein Programm-System (Software) für die Definition und Steuerung von Workflows.

WORM

Write Once Read Many Mit WORM werden Speichermedien und Speichersysteme bezeichnet, die mittels physischer Eigenschaften des Mediums oder abgesicherter Software in einer geschlossenen Systemumgebung die Unveränderbarkeit und Nichtlöschbarkeit einmal gespeicherter Informationen sicherstellen.

WpHG

Wertpapierhandelsgesetz

Zertifizierung

Zertifizierung ist eine Maßnahme durch einen unparteiischen Dritten, die angemessenes Vertrauen aufzeigt, dass sich ein ordnungsgemäß bezeichnetes Erzeugnis oder System in Übereinstimmung mit einer entsprechenden Vorgabe befindet. Solche Vorgaben sind beispielsweise Normen, Standards und allgemein anerkannte Regelwerke.

Bei der PK-DML- Zertifizierung wird die Revisionssicherheit der Lösung (ordnungsgemäß bezeichnetes System) nach den PK-DML- Kriterien (als anerkanntes Regelwerk) bestätigt.

Nach-Zertifizierung Revisionsrelevante Erweiterungen und Änderungen der Lösung können ergänzend in einer Nach-Zertifizierung geprüft und bewertet werden, um die Zertifikatsaussage auf die aktuelle Lösung anzupassen.

Re-Zertifizierung Erneute Prüfung der Lösung (Aufbau und Betrieb) nach Ablauf des Zertifikats.

11. Anhang

11.1. Weitere qualitätssichernde Verfahren mit Berührungspunkten zur PK-DML

Die PK-DML ermöglichen es, Revisions- und Rechtssicherheit im Rahmen unternehmerischen Handels zu erhöhen. Sie haben Berührungspunkte zu anderen qualitätssichernden Verfahren, von denen im Folgenden einige ausgesuchte dargestellt werden.
Sofern ein Unternehmen mehrere solcher Verfahren einsetzt, steigt die Bedeutung eines abgestimmten Zusammenwirkens der Verantwortlichen untereinander. Dabei geht es im Wesentlichen darum, Redundanzen zu vermeiden und den erforderlichen Aufwand zu minimieren.

IT-Grundschutz (BSI)

Das Bundesamt für Informationssicherheit in der Informationstechnik (BSI) verfolgt mit dem IT-Grundschutzes das Ziel, nach der Definition eines Untersuchungsgegenstandes (z.B. einer Fachaufgabe, einem Geschäftsprozess oder einer Organisationseinheit) seinen sog. „IT-Verbund" als die Summe der informationstechnischen Komponenten zu definieren, anschließend einen Schutzbedarf festzustellen und durch infrastrukturelle, organisatorische, personelle und IT-technische Standard-Sicherheitsmaßnahmen ein Standard- Sicherheitsniveau für IT-Systeme aufzubauen. Es handelt sich um einen technisch getriebenen Ansatz, in dem die IT-Service Assets im Mittelpunkt stehen. Im Herbst 2017 wurden die Ergebnisse einer grundlegenden Modernisierung der IT-Grundschutz-Methodik vorgestellt, die seit dem 01. Februar 2018 als IT-Grundschutz-Kompendium im 200er Standard vorliegt und ab September 2018 als ausschließlich verbindliche Prüfgrundlage für Zertifizierungen nach ISO/IEC 27001 auf Basis von IT-Grundschutz gilt. Mit der Einführung des neuen 200er Standards wurde der IT-Grundschutz komplett überarbeitet und unter anderem mit der Unterscheidung zwischen Prozess- und Systembausteinen neu strukturiert. Die Inhalte wurden stärker fokussiert sowie neue Themen wie IoT-Geräte (IoT: Internet of Things) und „Industrielle IT" mit aufgenommen. Neu ist auch die Unterscheidung zwischen Basis-, Kern- und Standard-Absicherung, die den Bedürfnissen speziell kleiner und mittelständischer Unternehmen Rechnung trägt und es ihnen auch bei meist eher begrenzten Budgets für Fragen der Informationssicherheit ermöglicht, die wichtigsten Assets („Kronjuwelen") mithilfe des neuen Standards abzusichern.

Die Vorgehensweise wurde verschlankt und ist jetzt flexibler in der Umsetzung. Die Arbeitsschritte sind nunmehr folgende: IT-Strukturanalyse, Schutzbedarfsfeststellung, Modellierung, IT-Grundschutz-Check (ersetzt den Basis-Sicherheitscheck), Risikoanalyse und weiterführende Sicherheitsmaßnahmen (ersetzt die Ergänzende Sicherheitsanalyse) sowie Realisierung von IT-Sicherheitsmaßnahmen.

Die Grundschutzmethodik ergänzt das Vorgehen nach ISO/IEC 27001 und stellt auf operativer, technischer Ebene eine gute Basis da, die für die Umsetzung der Maßnahmen einen hohen Anspruch gewährleistet. Eine Zertifizierung nach Grundschutz alleine ist nicht mehr möglich, sie kann nur im Zusammenhang mit der ISO/IEC 27001, dann auf „Basis von IT-Grundschutz" vom deutschen BSI vergeben werden. Bewertungen rein nach IT-Grundschutz werden in Form von zwei Testaten, der „IT-Grundschutz Einstiegsstufe" und der „IT-Grundschutz-Aufbaustufe" vergeben (für die auch ab September 2018 verbindlich der 200er Standard gilt).

ISO/IEC 27001

Ziel der ISO/IEC 27001 ist es, ein übergreifendes Informationssicherheitsmanagement-System (ISMS) in der Organisation/dem Unternehmen zu verankern, bei dem in allen organisationsinternen Strukturen und Prozessen der Informationssicherheit (hauptsächlich in Gestalt der Verfügbarkeit, Integrität und Vertraulichkeit von Werten) ausreichend Rechnung getragen wird. Die ISO/IEC 27001 definiert hierfür international gültige und vergleichbare Anforderungen (in Form der Kontrollziele auch „Controls“ genannt), die eine Zertifizierung der Organisation auf Basis dieser Anforderungen ermöglichen. Ausgehend von einem Risiko-Assessment, das die primären Informationswerte (Geschäftsprozesse und deren Informationen) sowie serviceorientierte Informationswerte (wie z. B. Hardware, Software, Netzwerk, Personal, Standort und Organisation) betrachtet, werden behandelnde Maßnahmen geplant, durchgeführt, überwacht und verbessert. Als operative Ergänzung, im Sinne eines Best Practice-Ansatzes, dient der Organisation die ISO 17799 (wurde 2007 umbenannt in ISO/IEC 27002), die mit ihrer Struktur kompatibel zur ISO/IEC 27001 ist.

ISO/IEC 27002

Die ISO/IEC 27002 spezifiziert alle Controls der ISO/IEC 27001 aus dem normativen Anhang A „Referenzmaßnahmenziele und -maßnahmen“ und ergänzt sie um eine Sammlung von Umsetzungsvorschlägen für alle Anforderungen eines Informationssicherheitsmanagement-Systems im Sinne der ISO/IEC 27001. Der unterstützende Charakter wird insbesondere dadurch sichtbar, dass es sich ausschließlich um „SOLLTE-“ und nicht um „MUSS“-Formulierungen handelt und um eigene Controls ergänzt werden kann. Dieser Standard ist somit als Ergänzung bzw. Konkretisierung zur ISO/IEC 27001 konzipiert.

ISO/IEC 27017 und ISO/IEC 27018

Wie der offizielle Titel der ISO/IEC 27017 („Code of practice for information security controls based on ISO/IEC 27002 for cloud services“) zeigt, basiert die ISO-Norm auf dem gleichen Framework wie die ISO/IEC 27002 und passt bzw. ergänzt diese um sieben neue Controls, die die spezifischen Anforderungen von Cloud-Services in Bezug auf Informationssicherheit abdecken.

Die ISO/IEC 27018 („Code of practice for protection of personally identifiable information (PII) in public clouds acting as PII processors“) wiederum ist vor allem eine Antwort auf die Anforderungen (unter anderem der DSGVO) in Bezug auf den Schutz personenbezogener Daten in (Public) Cloud Services. Genau wie die ISO/IEC 27017 führt sie eine Reihe vollständig neuer Controls ein, die bei einer Zertifizierung von Cloudsystemen miteinzubeziehen sind.

Bei den ISO/IEC 27017 und 27018 handelt sich aber jeweils nicht um einen vollständigen Management-Standard wie ihn die ISO/IEC 27001 bietet; daher sind sie als Ergänzungen im Rahmen von ISO/IEC 27001-Zertifizierungen zu sehen.

CobiT (Control Objectives for Information and Related Technology)

Der intensive Einsatz von IT zur Unterstützung und Abwicklung geschäftsrelevanter Abläufe macht die Etablierung eines geeigneten Kontrollumfelds erforderlich. CobiT wurde von der ISACA (Information Systems Audit and Control Association, http://www.isaca.org) als Methode entwickelt, um die Vollständigkeit und die Effektivität eines solchen Kontrollumfelds zur Begrenzung der entstehenden Risiken prüfen zu können. CobiT unterscheidet die Zielgruppen:

- Management – zur Unterstützung beim Abwägen zwischen Risiken und den Investitionen für Kontrollmaßnahmen,
- Nutzer – zur besseren Abschätzung der Zuverlässigkeit und Kontrolle von IT- Dienstleistungen, die intern oder von Dritten erbracht werden,
- Prüfer – zur sachlichen Begründung von Prüfungsaussagen oder bei der Beratung im Rahmen des Aufbaus und des Betriebs interner Kontrollen und
- Prozess- oder IT-Verantwortliche – zur Unterstützung bei ihrer Arbeit.

Bei der Anwendung von CobiT bestimmt der Benutzer zunächst, welche IT-Prozesse für die konkrete Situation relevant sind. Für jedes Kontrollziel der ausgewählten IT-Prozesse ist dann abzuwägen, inwieweit die vorhandenen Maßnahmen den Anforderungen genügen. CobiT unterscheidet sieben verschiedene Geschäftsanforderungen und gruppiert diese in die drei Kategorien Qualität, Sicherheit und Ordnungsmäßigkeit.

ITIL (IT Infrastructure Library)

ITIL ist eine weitverbreitete Basis für die Umsetzung eines IT-Service-Managements (ITSM). Es werden die für den Betrieb einer IT-Infrastruktur notwendigen Prozesse, die Aufbauorganisation und die Werkzeuge beschrieben. In verschiedenen Büchern wird auf kontinuierliche Serviceverbesserung, operativer Servicebetrieb, Inbetriebnahmen, Rahmenbedingungen zur Serviceentwicklung und Servicestrategie eingegangen.

Die ITIL orientiert sich an dem durch den IT-Betrieb zu erbringenden wirtschaftlichen Mehrwert für den Kunden. Dabei werden die Planung, Erbringung, Unterstützung und Effizienz-Optimierung von IT-Serviceleistungen im Hinblick auf ihren Nutzen als relevante Faktoren zur Erreichung der Geschäftsziele eines Unternehmens betrachtet.

Anforderungen zur Buchführung mittels IT

Die Nachweisführung für IT-Compliance hat in der DV-gestützten Buchhaltung quasi ihren Ausgang gefunden und nimmt unverändert eine Schlüsselrolle ein. Den Ausgangspunkt bildet eine umfassende Verfahrensdokumentation, die insbesondere die spezifischen Rechtsvorschriften für Buchhaltung und Steuerwesen systematisch berücksichtigt.

In Deutschland regeln zum Beispiel aktuell die GoBD „Grundsätze zur ordnungsmäßigen Führung und Aufbewahrung von Büchern, Aufzeichnungen und Unterlagen in elektronischer Form sowie zum Datenzugriff" (14.11.2014, Erlass des BMF Bundesministeriums für Finanzen) grundlegende Formerfordernisse, u.a. Mindestvorgaben für den Inhalt einer Verfahrensdokumentation.

Ferner können auch verbandspezifische Regelungen eine signifikante Bedeutung spielen. In Deutschland hat das Institut der Deutschen Wirtschaftsprüfer IDW verschiedene Stellungnahmen zur Rechnungslegung verfasst, die eine ähnliche Ausrichtung haben. In den Veröffentlichungen IDW RS FAIT 1-3 werden Grundsätze ordnungsgemäßer Buchführung beim Einsatz von Informationstechnologie, Electronic Commerce sowie von elektronischen Archivierungsverfahren formuliert.

ISO 9000

Zweck der ISO 9000 Normenreihe ist es, Forderungen an ein Qualitätsmanagementsystem festzulegen, die von einer Organisation zur Darlegung ihrer Fähigkeit zur Erfüllung der Forderungen der Kunden sowie für die Beurteilung dieser Fähigkeit durch interne und externe Stellen dokumentiert werden müssen. Ferner wird überprüft, ob die IT-Landschaft in der Organisation den Kundenforderungen genügt und dem Geschäftszweck angemessen ist. Zweck dieser Norm ist es nicht, die Einheitlichkeit von Qualitätsmanagementsystemen anzudeuten. Der Entwurf und die Ausführung eines Qualitätsmanagementsystems für eine Organisation sind beeinflusst durch deren Ziele, die Kundenforderungen, die angebotenen Produkte oder Dienstleistungen und Prozesse.

ISO 19600 Compliance-Managementsysteme

ISO 19600 legt keine Anforderungen fest, sondern enthält Empfehlungen und bewährte Praktiken für die Gestaltung von Compliance-Managementsystemen. Sie ist darauf ausgelegt, mit anderen Managementnormen, wie zum Beispiel der ISO 9000, kombiniert werden zu können. Ihr Grundsatz basiert auf der fortlaufenden Verbesserung nach der Methode von Plan-Do-Check-Act.

TR-RESISCAN

Die Technische Richtlinie BSI TR-03138 (RESISCAN) in Version 1.2 (15.06.2018) beschreibt Anforderungen für die zuverlässige technische Realisierung des Ersetzenden Scannens, damit das Papieroriginal nach dem Scannen vernichtet werden kann. Es handelt sich also um eine Prozesszertifizierung. Die Richtlinie besteht aus einem Hauptdokument, einer verpflichtenden Prüfspezifikation in Version 1.3 sowie weiteren informativen Dokumenten.

Bei der Umsetzung wird streng methodisch vorgegangen. Auf die Strukturanalyse der Dokumente folgt die entsprechende Schutzbedarfsanalyse. Im Anschluss werden die resultierenden Sicherheitsmaßnahmen erarbeitet, die in einem modularen Anforderungskatalog konsolidiert werden.

Die TR-RESISCAN strukturiert dabei den Scanprozess auf Basis des Schutzbedarfs der zu scannenden Dokumente aus der Schutzbedarfsanalyse (normal, hoch und sehr hoch). Es werden grundlegende technische und organisatorische Basismaßnahmen definiert (normal). Für den Schutzbedarf hoch und sehr hoch werden weitere anzuwendende Aufbaumaßnahmen für Verfügbarkeit, Integrität und Vertraulichkeit definiert.

Das nachgelagerte DMS und das Archiv sind nicht Gegenstand der TR-RESISCAN. Es werden aber Forderungen an die Scansoftware und den Scanner gestellt. Diese TR regelt insbesondere nicht die Zulässigkeit des ersetzenden Scannens als solches. Diese ist je Einsatzbereich individuell auf Basis der geltenden Rechtsvorschriften zu prüfen. Es existiert jedoch ein Verweis u.a. im eGovernmentGesetz (eGovG) des Bundes auf die Anwendbarkeit von TR-RESISCAN.

TR-ESOR

Mit der Technischen Richtlinie BSI-TR 03125 „Beweiswerterhaltung kryptographisch signierter Dokumente" (TR-ESOR) in Version 1.2.1 (15.03.2018) stellt das BSI einen Leitfaden zur Verfügung, der beschreibt, wie elektronisch signierte Daten und Dokumente über lange Zeiträume – bis zum Ende der Aufbewahrungsfristen – im Sinne einer Beweiswerterhaltung vertrauenswürdig gespeichert werden können. TR-ESOR ist also eine Produktzertifizierung, wobei die Anforderungen an das Produkt in der Technische Richtlinie und ggf. weiterführenden Dokumenten beschrieben wird. Ein TR-ESOR Produkt besteht aus mehreren Modulen mit entsprechenden Schnittstellen, die entsprechend beschrieben sind.

Es gibt drei Konformitätsstufen, die ein TR-ESOR Produkt erfüllen kann:

- Stufe 1: Funktionale Konformität (nur äußere Schnittstellen werden geprüft)
- Stufe 2: Technische Konformität (Module und Schnittstellen werden geprüft)
- Stufe 3: Empfehlungen für Bundesbehörden (aufbauende Anforderungen)

EU-Verordnung 910/2014 (eIDAS) und Vertrauensdienstegesetz (VDG)

Seit dem 1. Juli 2016 ist die EU-Verordnung 910/2014 (eIDAS) in Kraft und gilt als Verordnung seitdem EU-weit. In Ergänzung dazu regelt das Vertrauensdienstegesetz (VDG) – in Kraft gesetzt über das eIDAS-Durchführungsgesetz – die nationalen Aspekte der eIDAS Verordnung. So ist z.B. festgelegt, dass die Aufsichtsbehörde die Bundesnetzagentur ist, außer bei Webseitenzertifikaten, wo das BSI die Aufsichtsbehörde ist. Damit ist auch das deutsche Signaturgesetz (SigG) und die Signaturverordnung (SigV) außer Kraft gesetzt.

Die eIDAS Verordnung regelt elektronische Identitäten und Vertrauensdienste. Die Regelungen zu den elektronischen Identitäten sind dem hoheitlichen Bereich zuzuordnen und sollen die Interoperabilität der unterschiedlichen, nationalen Identifizierungssysteme (z.B. in Deutschland der neue Personalausweis und der elektronische Aufenthaltstitel) sicherstellen und juristisch regeln.

Im Bereich der Vertrauensdienste sind folgende Dienste definiert:

- Elektronische Signaturen (für natürliche Personen)
- Elektronische Siegel (für juristische Personen)
- Elektronische Zeitstempel (Nachweis der Zeit)
- Webseitenzertifikate (Authentisierung der Webseitenbetreiber)
- Validierungsdienst für Signaturen (Prüfung von Signaturen und Siegeln)
- Zustellung elektronischer Einschreiben (in Deutschland z.B. De-Mail)
- Bewahrungsdienst (Beweiswerterhaltung von Signaturen, Siegeln und Zeitstempeln und damit eine Alternative zu TR-ESOR)

Diese Dienste werden von nicht-qualifizierten oder qualifizierten Vertrauensdiensteanbietern angeboten und erbracht. Die Anforderungen an diese Vertrauensdiensteanbieter sind ebenfalls in der Verordnung geregelt. Alle qualifizierten Vertrauensdienste und Vertrauensdiensteanbieter sind auf einer EU-Vertrauensliste veröffentlicht.

DIN 31644

Die DIN 31644 ist ein Rahmenstandard und formuliert 34 Kriterien für vertrauenswürdige digitale Langzeitarchive in Bibliotheken und auch für gewerbliche Unternehmen. Die Kriterien sind in drei Teile strukturiert: Organisation, Management von digitalen Objekten und deren Repräsentation, sowie Infrastruktur und Sicherheit.

DSGVO / BDSG-neu

Die Datenschutz-Grundverordnung ist Teil der EU-Datenschutzreform, welche die Europäische Kommission am 25. Januar 2012 vorgestellt hat. Die Datenschutz-Grundverordnung gilt unmittelbar in allen EU-Mitgliedstaaten ab dem 25. Mai 2018.

Die DSGVO ändert die Konzeption und weitgehend auch die Detailregelungen des geltenden Datenschutzrechts nicht grundlegend. Vielmehr werden vielfach Bestimmungen der EG-Datenschutzrichtlinie 95/46 übernommen, die die Grundlage des BDSG bilden. Andererseits gibt es aber auch zahlreiche neue datenschutzrechtliche Vorgaben, deren Erfüllung allein schon aufgrund der signifikant erhöhten Sanktionen und Busgelder der gesetzeskonformen umzusetzen sind. Der gesellschaftliche Druck, die persönlichen Daten der Betroffenen zu schützen wird in Zukunft zunehmen.

Das deutsche Bundesdatenschutzgesetz (BDSG-neu) regelt zusammen mit den Datenschutzgesetzen der Länder und anderen bereichsspezifischen Regelungen den Umgang mit den personenbezogenen Daten der Betroffenen, die in Informations- und Kommunikationssystemen oder manuell verarbeitet werden. Es setzt die Datenschutzrichtlinie um, die durch die Datenschutz-Grundverordnung aufgehoben und ersetzt werden wird. Gleichzeitig trat 2018 die Neufassung des BDSG in Kraft.

Die Ziele der DSGVO sind der Schutz der Grundrechte und Grundfreiheiten natürlicher Personen und insbesondere deren Recht auf Schutz ihrer personenbezogenen Daten (Art. 1 Abs. 2 DSGVO) und der freie Verkehr personenbezogener Daten (Art. 1 Abs. 3 DSGVO).

Diese Ziele sollen durch die in Art. 5 DSGVO festgelegten Grundsätze der Verarbeitung personenbezogener Daten erreicht werden: Rechtmäßigkeit, Treu und Glauben, Transparenz, Zweckbindung, Datenminimierung, Richtigkeit, Speicherbegrenzung, Integrität und Vertraulichkeit, Rechenschaftspflicht. Neu und wichtig ist auch das Recht auf vollständiges Löschen (Recht auf Vergessen werden) der personenbezogenen Daten verbunden mit den entsprechenden Nachweisen der Durchführung.

Bezeichnung	**Verfasser**	**Status**	**Fokus**	**Prüfung**
CobiT	ISACA		Methode zur Absicherung der Vollständigkeit eines Kontroll-umfeldes für Qualität, Sicherheit und Ordnungsmäßigkeit	
DIN 31644	DIN	Norm	Digitale Langzeitarchivierung, vornehmlich im Bereich der Bibliotheken	Zertifizierung
DSGVO	Euro-päische Union	Verord-nung	Datenschutzgrundverordnung für personenbezogene Daten	Zertifizierung soll laut BayLDA von Behörden gefördert werden
EU-Verord-nung 910/ 2014 (eIDAS)	Euro-päische Union	Verord-nung	Elektronische Identifizierung und Vertrauensdienste für elektronische Transaktionen (im EU-Binnenmarkt)	Zertifizierung
GoBD	BMF	Erlass	Ordnungsmäßigkeit kaufmännischer Dokumente	Im Erlass ausge-schlossen
GoBS (ab 1.1.2015 durch GoBD ersetzt)	AWV/BMF	Erlass	Ordnungsmäßigkeit kaufmännischer Dokumente	Testat durch WP
IDW ERS FAIT 1-3	IDW	Standard	Revisionssicherheit für kaufmännische Dokumente	Testat durch WP
ISO 19600	DIN/ISO	Norm	Compliance-Managementsysteme	Zertifizierung
ISO 27001	DIN/ISO	Norm	Managementsysteme für IT Sicherheit	Zertifizierung
ISO 27002	DIN/ISO	Norm	Managementsysteme für IT Sicherheit	Maßnahmen zu ISO 27001
ISO 27017 & ISO 27018	DIN/ISO	Norm	Managementsysteme für IT Sicherheit	Maßnahmen Cloudsi-cherheit- und daten-schutz zu ISO 27001
ISO 9000	DIN/ISO	Norm	Qualitätsmanagementsystem für Produkte	Zertifizierung
IT-Grundschutz	BSI	Methodik	Technische IT-Sicherheit	Zertifizierung (i. V. m. ISO 27001)
ITIL	Cabinet Office	Standard	Basis für die Umsetzung eines IT Managements	Gegen ISO/IEC 20000-1
PK-DML	VOI und TÜViT	Standard	Allgemeine Revisionssicherheit für Dokumentenmanagement und Dokumentenprozesse	Zertifizierung
TR 03125 (ESOR)	BSI	Technische Richtlinie	Beweiswerterhaltende Langzeitarchivierung	Produktzertifizierung
TR 03138 (RESISCAN)	BSI	Technische Richtlinie	Ersetzendes Scannen	Prozesszertifizierung
Vertrauens-dienste-gesetz (VDG)	Bund	Gesetz	Nationale Ergänzungen zu eIDAS Verordnung	Ersetzt das Signaturgesetz

11.1.1. Inhaltliche Zuordnung der PK-DML-Struktur zur ISO 9001:2008

Qualitätssicherungsmaßnahmen auf Basis der ISO 9000-„Familie“ wurden in zahlreichen Unternehmen umgesetzt.

Um die im vorgehenden Abschnitt erwähnte Abstimmung zwischen unterschiedlichen IT-Security und IT-Compliance Verfahren an einem Beispiel zu verdeutlichen, wird die Zuordnung der PK-DML- Struktur zur Struktur der ISO/IEC 27001:2017 nachfolgend gegenübergestellt:

11.1.2. Inhaltliche Zuordnung zur 27001

DIN EN ISO/IEC 27001:2017		PK-DML	
Kapitel	Inhalt	Kapitel	Inhalt
5	Informationssicherheits-Richtlinien	4, 10	IT-Sicherheit, Internes Kontrollsystem
6	Organisation der Informationssicherheit		
7	Personalsicherheit	4	IT-Sicherheit
8	Verwaltung der Werte	1, 10	Allgemeine Beschreibung des Einsatzgebietes, Internes Kontrollsystem
9	Zugangssteuerung	4	IT-Sicherheit
10	Kryptographie		
11	Physische und umgebungsbezogene Sicherheit	4, 5	IT-Sicherheit, Technischer Betrieb
12	Betriebssicherheit		
13	Kommunikationssicherheit	4	IT-Sicherheit
14	Anschaffung, Entwicklung und Instandhaltung von Systemen	5	Technischer Betrieb
15	Lieferantenbeziehungen	9	Outsourcing
16	Handhabung von Informationssicherheits-Vorfällen	4, 5	IT-Sicherheit, Technischer Betrieb
17	Informationssicherheits-Aspekte beim Business Continuity Management	5	Technischer Betrieb
18	Compliance	4, 10	IT-Sicherheit, Internes Kontrollsystem

PK-DML		DIN EN ISO/IEC 27001:2017	
Kapitel	**Inhalt**	**Kapitel**	**Inhalt**
1	Allgemeine Beschreibung des Einsatzgebietes	5	Informationssicherheits-Richtlinien
2	Fachliche und sachlogische Lösung	8, 18	Verwaltung der Werte, Compliance
3	Technische Lösung	12, 13	Betriebssicherheit, Kommunikationssicherheit
4	IT-Sicherheit	5, 6, 7, 9, 10, 11, 12, 13	Informationssicherheits-Richtlinien, Organisation der Informationssicherheit, Personalsicherheit, Zugangssteuerung, Kryptographie, physische und umgebungsbezogene Sicherheit, Betriebssicherheit, Kommunikationssicherheit
5	Technischer Betrieb	11, 12, 14, 16	Physische und umgebungsbezogene Sicherheit, Betriebssicherheit, Anschaffung, Entwicklung und Instandhaltung von Systemen, Handhabung von Informationssicherheits-Vorfällen
6	Langzeitverfügbarkeit und Migration	5, 6, 11, 17	Informationssicherheits-Richtlinien, Organisation der Informationssicherheit, physische und umgebungsbezogene Sicherheit, Informationssicherheits-Aspekte beim Business Continuity Management
7	Mitarbeiterqualifikation	7	Personalsicherheit
8	Tests	5, 12, 14	Informationssicherheits-Richtlinien, Betriebssicherheit, Anschaffung, Entwicklung und Instandhaltung von Systemen
9	Outsourcing	15	Lieferantenbeziehungen
10	Beschreibung des Internen Kontrollsystems (IKS)	5, 16, 18	Informationssicherheits-Richtlinien, Handhabung von Informationssicherheitsvorfällen, Compliance